마지막 지평선

L'ULTIMO ORIZZONTE

마지막 지평선

L'ULTIMO ORIZZONTE

우리가 우주에 관해 아는 것들,
그리고 영원히 알 수 없는 것들

아메데오 발비 지음
김현주 옮김 | 황호성 감수

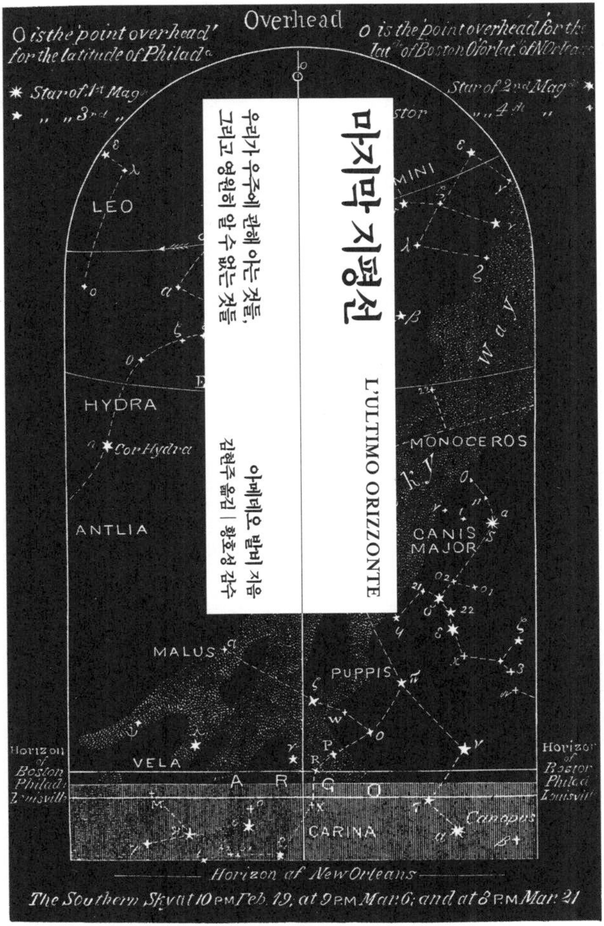

북인어박스 book in a box
Publishing House

마지막 지평선

1판 1쇄 2022년 10월 14일

지은이 아메데오 발비
옮긴이 김현주
감수 황호성
펴낸이 김형필
디자인 희림
펴낸곳 북인어박스
주소 경기도 하남시 미사대로 540 (덕풍동) 한강미사2차 A동 A-328호
등록 2021년 3월 16일 제2021-000015호
전화 031) 5175-8044
팩스 0303-3444-3260
이메일 bookinabox21@gmail.com

책값은 뒤표지에 있습니다.
ISBN 979-11-976170-4-1 03440

북인어박스는 삶의 무기가 되는 책, 삶의 지혜가 되는 책을 만듭니다.
출간 문의는 이메일로 받습니다.

추천사

우리는 우주에 관해 더 많이 알고 싶다

황호성(서울대학교 물리천문학부 교수)

우리는 우리가 살고 있는 우주에 관해 얼마나 알고 있을까? 아마도 잘 모를 것 같다고 생각하는 사람들도 있을 것이고, 꽤 많이 알고 있을 거라고 생각하는 사람들도 있을 것이다. 그런데 이상한 말이지만 둘 다 맞는 말이다. 먼저 우리는 우주에 관해서 생각보다 꽤 많이 알고 있다. 우주가 빅뱅(또는 대폭발)이라는 것에서 시작해서, 현재 나이가 138억 년(오차가 겨우 0.4억 년에 불과하다)이 되었다는 것 그리고 별과 행성들이 가스 기체로 시작해 어떻게 만들어졌는지 알고 있다. 별들이 어떻게 모여서 은하를 만들고, 더 큰 은하단을 이루고, 마침내 이 거대한 우주를 구성하고 있는지도 잘 알고 있다. 이뿐만이 아니다. 우주를 구성하는 기본 입자들(양성자, 전자, 중성자, 광자 등)과 우주를 지배하는 기본 힘들(중력, 전자기력, 강한 핵력, 약한 핵력)도 알고 있다. 우리가 살고 있는 은하와 우주가 정확히 무엇인지 몰랐던 100년 전과 비교하면 정말 많은 것을 알고 있다.

그러나 더 파고들면 우리는 우주에 관해 모르는 것이 많다고 고백할 수밖에 없다. 암흑 물질이 어딘가에 있는 것 같은데, 대체 그 정체를 알 수 없다. 우주 초기에 급팽창이 진짜 있었는지도 아직 모른다. 또 현재 우주가 팽창하고 있으면서 그 팽창이 가속하고 있다는데, 그 가속을 일으키는 암흑 에너지가 대체 무엇인지 그 정체를 모른다. 질문을 계속할 수 있다. 우리가 살고 있는 우주(Universe)는 유일한 하나(Uni-)의 우주일까 아니면 여러 우주(Multiverse) 중 하나인 우주일까? 우주를 지배하는 물리학의 법칙이 예나 지금이나, 여기서나 저기서나 모두 똑같이 적용되는 것일까? 더군다나 우리가 이 넓은 우주의 유일한 우주인(宇宙人)일까? 이런 질문들은 밤새도록 할 수 있어서 질문을 모아 책 한 권을 만들 수 있을 정도다. 그만큼 우리는 우리가 살고 있는 우주에 관해 잘 모른다.

상황이 다소 복잡함에도, 현재까지 우주에 관해 우리가 알고 있는 것을 정리해보면 다음과 같다. 이것을 표준 우주 모형(Standard cosmological model)이라고 하며, 지금까지 축적된 여러 천문학적 관측 결과를 잘 설명하기 위해서 계속 수정을 거치면서 확립되었다. 간혹 조화 모형(Concordance cosmology)이라고도 하는데, 여러 관측 결과를 조화롭게 잘 설명하기 때문이다. 이 모형은 일반상대성이론을 기본 바탕으로 하며, 이 모형에 따르면 우리 우주는 약 138억 년 전에 생겨났다. 이 시작을 빅뱅

(Big Bang) 또는 대폭발이라고 하며, 이때 시공간도 같이 시작되었다. 우주는 시작할 때부터 무한한 크기를 갖고 팽창하기 시작했는데, 시작한 지 채 1초도 지나지 않았을 때 급팽창 시기를 겪으면서 그 팽창이 상상하기 힘들 정도로 가속되었다. 그 안에는 암흑 에너지, 암흑 물질, 중입자라 부르는 보통의 물질, 중성미자 등이 담겨 있고, 큰 규모에서 봤을 때는 균질하고 등방하며, 작은 규모에서는 우주 초기의 밀도 요동에서 성장한 천체들이 자리 잡고 있다. 우주는 본래 시작할 때부터 무한하지만, 우리가 (빛을 통해) 관측 가능한 우주의 크기는 빛의 속도에 한계가 있기 때문에 유한하다. 이 관측 가능한 우주의 크기는 빛이 우주의 나이인 138억 년 동안 달리기 시작한 곳까지의 거리에 해당하는데, 우주가 팽창하기 때문에 단순히 138억 광년이 아니라 약 460억 광년에 해당한다. 이렇게 정리된 표준 모형을 간단히 람다시디엠 모형(ΛCDM: Lambda Cold Dark Matter, 우주 상수가 있는 차가운 암흑 물질 모형)이라고도 부른다.

자칫 복잡해 보이지만, 다행인 것은 저자가 우주론에 정통한 학자로서 이 표준 우주 모형을 포함해서 우리가 우주에 관해 무엇을 알고 있고 무엇을 모르고 있는지를 잘 알고 있으며, 이것들을 친절하게 설명해준다는 점이다. 과학 연구를 하다 보면 질문에 대한 답을 찾는 것도 중요하지만 어떤 질문을 하는지가 더 중요해지는 때가 많다. 그런 측면에서 저자는 실제 과학 연구의 현장에서 왕성하게 활동하는 학자이다 보니 우주에 관해 어떤 질문을 해야 하는지를 잘 알고 있고, 그 질문에 대한 답을 어떻게 찾아야 할지 잘 알고 있다. 실제로 우리나라 대표 천문학 연구소인 한국천문연구원 정문에 가보면 "우리는 우주에 대한 근원적 의문에 과학으로 답한다"라는 글귀가 새겨진 비석을 볼 수 있다. 우리가 우주에 관해 모르는 것들이 바로 "근원적 의문"에 해당하고, "과학으로 답한다"가 바로 우리와 같은 과학자가 풀어야 할 숙제라고 할 수 있다. 이 책을 읽다 보면 그 힌트를 조금이나마 얻을 수 있다.

일단 책의 내용에 깊이가 상당하다. 실제 학계에서 활동하는 학자가 아니면 다룰 수 없을 만큼 전문적인 내용을 담고 있어서 일반적인 대중 과학서와는 확실히 그 깊이가 다르다. 그렇다고 재미가 떨어지지는 것도 아니다. 보통 현장의 전문가들이 쓴 책은 자칫 너무 학문적인 내용으로만 채워져서 어렵게 느껴질 수 있음에도, 저자는 다양한 대중 강연과 과학서 집필 경험 덕분에 독자의 눈높이와 취향을 제대로 알고 있다. 특히 우주를 연구하다 보면 자연스레 인간과 우주의 기원에 관해 관심이 가게 되고, 그러다 보면 인간과 신의 존재에 대한 근본적 의문을 품을 수밖에 없는데, 이 책은 이러한 사고의 맥락을 따라 물 흐르듯이 전개된다.

불과 한 세기 전까지 많은 과학자들이 이론적 예측과 직접 비교할 관측 자료가 부족한 탓에 이런 근원적 질문에 대한 이성적 답을 찾기 위해 철학적 사고를 많이 하곤 했다. 그 당시 과학자들을 자연철학자라고 부르는 것은 자연스러운 일이었다. 그러나 오늘날의 과학자들은 점차 철학과 거리를 두기 시작했다. 흥미로운 점은 저자 또한 현대 과학자임에도 이런 철학적 질문에 관한 이야기를 주저 없이 다루고 있다는 점이다. 과학과 신! 이보다 더 신나고 치열한 토론 주제가 있을까? 그나마 다행인 점은 결론 없이 밤을 지새우게 만들 수 있는 종교 이야기에 매몰되어 있지 않다는 것이다.

그나저나 제목이 왜 '마지막 지평선'일까? 우리의 우주는 무한하다. 다만 우리가 빛을 이용해 관측 가능한 우주는 유한하다. 관측 가능한 우주의 한계는 보통 태초의 빛이라고 불리는 우주배경복사로 제한된다. 우리가 '관측한다' 또는 '본다'라는 것은 어떤 천체에서 나온 빛이 우리 검출기 또는 눈에 도달한다는 것이다. 우주배경복사는 우주가 빅뱅으로 시작한 지 38만 년밖에 되지 않았을 때의 빛을 보는 것으로, 현재 우주의 나이를 138억 년이라고 하면 거의 우주의 시작을 보는 것이나 다름없다. 문제는 이 우주배경복사 이전 시기의 빛들을 우리가 직접 볼 수 없다는 데 있다. 이것은 마치 하늘이 구름으로 덮여 있을 때 우리가 구름의 표면 모습만 육안으로 볼 수 있을 뿐, 구름 안을 볼 수 없는 것과 비슷하다. 따라서 빅뱅에서 시작해서 우주배경복사가 무사히 빠져나올 수 있었던 이후 38만 년까지 무슨 일이 있었는지 빛이라는 전자기파를 이용해서는 알 수 없는 상황이다. 즉 '마지막 지평선'에 다다른 것이라고도 할 수 있다. 그러나 이 시기는 표준 우주 모형의 중요한 문제들을 해결해준 급팽창도 있었고, 양성자와 전자 그리고 광자 간의 빈번한 충돌이 있었던 때로서, 이런 일들이 진짜 어떻게 일어났는지를 아는 것은 매우 중요한 일이다. (빅뱅의 순간도 정확히 알면 좋겠지만!) 이 지평선 넘어서 무슨 일이 있었는지 직접 들여다보는 게 필요할 텐데, 앞으로 과학자들이 풀어야 할 숙제 중 하나다. 물론 여러 가지 시도가 있다. 하나는 우주배경복사의 편광(Polarization) 관측을 이용하는 것으로, 이것을 활용하면 급팽창이 남긴 흔적을 찾아볼 수 있어서 급팽창이 어떻게 진행되었는지 알 수 있다. 다른 하나는 빛, 즉 전자기파가 아닌 중력파를 이용해 관측하는 것으로, 2016년 중력파의 존재가 확인되었기 때문에 앞으로 많은 발전이 기대된다. 실제로 우주 초기를 엿볼 수 있는 중력파 망원경이 언젠가는 실현될 것이다.

저자는 우주론부터 우주 생물학까지 다양한 분야에서 활약하는 이탈리아의 천체물리학자로서, 가끔 저자의 논문을 접할 기회가 있었다. 그는 또 일반 대중을 위한 책도 많이 집필했는데, 과학 서적으로는 드물게 베스트셀러에 오르는 등 대중의 사랑을 받는 작가로서도 인정받고 있다. 특히 이 책은 그의 많은 저작 중에서도 2021년 이탈리아의 아시모프상(ASIMOV Prize) 수상작으로 선정되어, 저자의 유명세를 한층 더 넓힌 저작물이다. 아시모프상은 유명한 작가이자 과학자인 아이작 아시모프(나 또한 어렸을 때 저자의 책을 읽으면서 과학자의 꿈을 키웠다)를 기려 만든 여러 상 중 하나로, 이탈리아어로 편집된 책 중에서 가장 우수한 대중 과학 저작물에 수여되는 상이다. 이 상이 특별한 이유 중 하나는 고등학생, 고등학교 선생님, 연구원, 대학원생, 교수, 기자 등 수천 명이 넘은 다양한 분야의 사람들이 읽고 검토하고 직접 투표해서 결정되는 만큼 많은 사람의 사랑을 받은 책이라는 점이다.

여러모로 내용의 깊이 못지않게 전달력이 아주 인상적인 책이다. 왜 많은 이탈리아 사람들이 이 책을 최고의 과학 서적으로 선택했는지 궁금하다면, 찬찬히 아득하고 먼 우주를 만끽하며 읽어보시길 바란다.

… 그 제국에서는 완벽한 지도 제작 기술을 추구한 나머지 어느 한 지방의 지도가 도시 전체를 차지하고, 제국의 지도는 한 지방 전체를 뒤덮을 정도가 된다. 세월이 흐르면서 사람들은 이 거대한 지도들에 만족하지 못했고, 지도 제작 단체에서는 제국과 똑같은 크기로 실제와 정확히 일치하는 지도를 만든다. 지도 제작 연구에 덜 매달리는 후세들은 그렇게 거대한 지도가 더는 필요치 않다는 것을 깨닫고, 조금은 불경한 마음을 품고 태양과 겨울의 혹독함 속에 내버려둔다. 서부의 사막에는 아직도 그 지도들의 잔해가 남아 동물과 걸인들이 살고 있다. 나라 전체에 이외의 다른 지리학적 유물은 없다. (수아레즈 미란다 Suárez Miranda, 《현자들의 여행 *Viajes de varones prudentes*》, 제4권, 14장, 레리다, 1658년)

호르헤 루이스 보르헤스(Jorge luis borges), 《과학의 엄밀함에 관하여(Del rigore nella scienza)》

서문

Prologue

우주에 관해 우리가 알 수 있는 한계가 있을까? 있다면, 이미 그 한계에 도달했을까? 이런 질문은 특히 우리가 길을 가는 데 목적지에서 점점 멀어지는 느낌이 들 때, 혹은 극복할 수 없을 것 같은 장애물을 마주하게 됐을 때 생각해볼 가치가 있다. 그런데 과학사에 두 가지 극단적인 상황에 빠질 때가 잦았다는 점을 염두에 두고 있어야 한다. 그 두 가지는 '우리는 결코 우주에 관해 알 수 없을 것이다'와 '우리는 이미 알아야 할 것은 다 알고 있다'이다.

이 문제를 두고 흔히 인용되는 교과서적인 예가 두 가지 있는데, 첫 번째는 철학자 오귀스트 콩트(Auguste Comte, 1798~1857, 프랑스의 작가, 철학자)가 "별과 관련해 (…) 우리가 그 형태와 거리, 크기, 움직임은 정의할 수 있지만, 그 어떤 방식으로도 별들의 화학적 구성을 연구할 방법은 알 수 없을 것이다"[1]라며 다소 단정적인 주장을 펼쳤다.

하지만 몇십 년이 채 지나지 않아 물리학자 구스타프 키르히호프(Gustav Kirchhoff, 1824~1887, 독일 베를린 대학교 교수)가 처음으로 분광학을 이용해 햇빛의 화학 원소들의 선을 확인해 오귀스트 콩트의 주장에 떠들썩하게 반기를 드는 한편, 별의 구성에 관한 연구뿐 아니라 다른 발견들의(우주의 팽창 포함) 무한한 가능성에도 길을 열어주었다.

두 번째는 물리학자 앨버트 마이컬슨(Albert Michelson, 1852~1931, 폴란드 태생 미국의 물리학자)이 19세기에서 20세기로 넘어가는 동안 수차례 선언한 내용인데, 지금은 우리도 어느 정도 다 아는 내용이다. "유명한 기본 원칙의 대부분이 확고하게 자리를 잡았으니, 앞으로의 진보는 우리가 관심을 가지는 모든 현상에 이러한 원칙을 엄격하게 적용하도록 해야 한다"[2]는 것이 그의 주장이었다. 그리고 "물리학의 기본적인 법칙과 매우 중요한 사실들이 발견되었고, 이는 나중에 새로운 발견들로 대체될 가능성이 아주 희박할 정도로 확고하게 자리를 잡았다"[3]라고도 했다. 공교롭게도, 그 몇 년 후 알베르트 아인슈타인(Albert Einstein, 1879~1955)의 특수상대성이론에 타당한 경험적 정당성을 제공한 것이 바로 앨버트 마이컬슨의 정밀한 빛의 속도 측정이다.

이런 예들을 보면, 지식의 한계에 관한 절대적인 확언은 옳지 못한 것으로 보인다. 개인적으로는 두 의견의 중간 입장이 더 흥미롭다. (또 과학 지식의 실질적인 목적에 더 충실하기도 하다.) 우리의 세계지도는 고정되어 있지 않고, 새로운 개념과 새로운 사실에 적응하며 우리가 사용하는 도구가 정교해지면서 조금씩 변화하고 있으므로, 사실 완벽하고 변하지 않는 현실에 관한 비전을 원하는 열망은 과학 연구의 목적이 아니다. 알려진 것과 그렇지 않은 것의 경계는 유동적이라 계속 다시 그려지고 있다. 과학은 언제나 열려 있는 마당이므로, 우리는 존재하는 모든 형태를 단번에 고착시키려는 주장을 항상 의혹의 눈으로 바라봐야 한다.

동시에 지식의 일부 영역은 특정한 역사적 시기에, 예를 들면 초창기의 지구처럼(=virgin earth) 상대적으로 쉽게 모험을 할 수 있는 때에 나타나기도 하지만, 새로운 진보가 극단적으로 어렵고 느리고 힘든 시기 속에서의 지식도 있다는 것을 인지하고 있어야 한다. 우주에 관한 전체적인 특성에 관한 연구가 바로 이런 인지 과정에 속한다고 볼 수 있다.

지난 세기, 과학은 아주 정확하게 우주의 기원과 진화의 역사를 설명하는 그림을 제공했다. 우리는 우주의 나이도 아주 정확하게 알고 있고, 우주를 구성하는 물질과 에너지 그리고 대규모의 구조도 알게 되었다. 우주가 초기에 복잡하지 않고 단순한 상태에서 우리가 살고 있는 지금의 풍부하고 복잡한 상태로 진화하게 만든 물리적 체계도 파악되었다. 하지만 공간과 시간의 경계 쪽으로 가다 보면, 우리의 도구와 개념을 심각한 시험에 들게 하는 문제와 마주하게 된다. 우주는 유한할까, 무한할까? 공간과 시간은 시작이 있었으니 끝도 있을까? 자연법칙이 과거에는 달랐을 수 있을까? 우리 우주 외에 다른 우주가 존재할까? 왜 아무것도 없는 것이 아니라 무엇인가가 있는 것일까? 현실의 궁극적인 특성을 완벽하게 아는 것이 가능할까? 저기, 우리가 알거나 최소한 짐작이라도 할 수 있는 지평선 너머, 친숙한 영토가 끝나는 곳에는 어둠이 짙게 깔려 있다.

그 어둠과 마주하면, 우리는 우리의 조상들이 위험하고 낯선 공간으로 들어가 탐험과 발견의 여행에 뛰어들게 만든 그 이끌림이 우리 안에도 있다는 것을 느낀다. 정확히 과학이 존재하는 이유는 우리가 모르는 것에 맞서기 위해서다. 미지의 것을 밝히는 빛을 켜기 위해서다. 결국, 가능한 한 최대한 우리를 어둠 저편으로 조금 더 밀어 넣어 무지의 경계를 좁히고자 하는 것이 인간의 행동과 생각의 기본적인 동기다(그리고 나는 이것이 가장 고귀한 동기라고도 생각한다).

내가 과학자로서 이제까지 해왔고 앞으로도 계속할 모든 일이 저 어둠 속 공간을 가져오고, 현실이라는 지도에 나보다 먼저 뛰어든 누군가가 놓친 무엇인가를 아주 조금이라도 보태려는 작은 시도다. 나는 이것이 운명에 감사할 수밖에 없는 특권으로 느껴진다. 나와 비슷한 사람들과 공유해 내가 알아냈다고 생각하는 것을 더 잘 설명해야 한다는 의무감이 느껴지는 특권이다.

이때, 우리가 아는 것뿐 아니라 왜 안다고 믿는지를 말하는 것도 중요하다. 그런데 여기서 또 다른 의문들이 생긴다. 예를 들면, 우리는 우리가 아는 것에 얼마나 확신하고 있을까? 우리가 아직 모르는 것은 무엇일까? 그리고 우리가 결코 알 수 없는 것도 있을까? 이런 의문들 말이다.

이 책은 이런 의문들을 풀어보기 위한 시도를 담았다. 여러분이 이 책을 과학이 우주의 기원과 진화, 전체적인 구조를 설명하려는 연구 중에 얻은 개념들을 이용해 방향을 잡으려는 탐험 이야기이자 길잡이로 생각해준다면 더할 나위 없겠다.

일단 이미 잘 아는 것에서 출발해 아직 탐험하지 않은 경계를 향해 점진적으로 이동할 것이다. I부에서는 우주에 관해 확립된 우리의 관점을 살펴보고, 우리가 어떻게 사물이 지금과 같은 방식으로 존재한다고 확신하게 됐는지 설명할 것이다. II부에서는 우리의 확신이 덜하고 불완전한 비전을 갖는 새로운 풍경을 향해 모험을 떠날 것이다. III부에서는 잠시 멈춰 우리를 혼란스럽게 하는 난관과 우주에 관한 우리 지식의 한정적, 혹은 영구적인 한계를 살펴볼 것이다. 그리고 마지막에는 우리가 아는 것의 극단까지 밀고 나가 과학 연구의 권위에 도전하는 질문들에 답해볼 것이다.

차례

III부
헤라클레스의 기둥
Le colonne d'Ercole

IV부
더 먼 곳을 향해
Spingersi oltre

| 일러두기 |

1. 본문 중 주석은 '지은이 주'와 '옮긴이 주'가 있다. '지은이 주'에는 숫자〔1), 2), 3)……〕를 달았으며, 미주 처리했다. '옮긴이 주'에는 별표(*)를 달았고 각주 처리했다.
2. 단행본, 전집, 정기간행물(온라인 매체 포함)에는 겹화살괄호(《 》)를, 논문이나 논설, 기고문, 단편, 영상물 등에는 홑화살괄호(〈 〉)를 사용했다.

1부

알려진 세상

Il mondo conosciuto

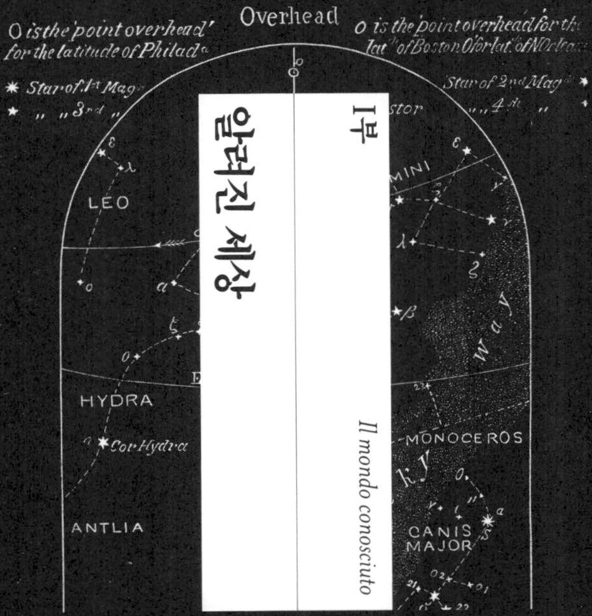

과학은 실험하지 않는다. 탐험한다.

—

그레고리 베이트슨(Gregory Bateson, 1904~1980), 《마음과 자연(*Mind and Nature*)》

1

질문

Domande

이제까지 우리가 가진 의문 중 가장 심오한 것을 생각해본다. 분명 이런 종류의 문제와 관련이 있을 것이다. '나는 누구일까? 나는 여기서 무엇을 하는 걸까? 존재와 삶과 죽음의 목적이 무엇일까?'

내 딸이 여섯 살 남짓이던 어느 날, 아주 진지한 표정으로 나를 쳐다보다가 세상에서 가장 급한 일인 것처럼 이런 질문을 해서 나를 당황케 했다. "아빠, 저기 말이야. 나는 누구야?" 이 질문을 한 후로 수많은 질문이 폭포처럼 쏟아졌다. "우리 전에 세상에는 뭐가 있었어? 맨 처음 사람은 어떻게 태어났지?" 그리고 결국, 누구도 피할 수 없는 궁금

증에 대한 질문, 바로 우주의 창조에 관한 질문이 나왔다. "이 세상의 모든 것은 어디서 온 거야?" 모든 것이 빅뱅(Big Bang)이라는 사건으로 시작됐다고 말하면 대답이 될 수 있을 것으로 생각했는데 (정말 좋지 못한 선택이었다. 왜냐면, 앞으로 알게 되겠지만, 길을 잃어 생겨난 대폭발이라는 이미지를 내가 너무 남발해서 설명했기 때문이다) 딸이 물었다. "알았어, 빅뱅인 건 알겠어. 그런데 그게 어떻게 폭발한 거야?"

이쯤은 예상했어야 했다. 내 어린 시절의 생생한 기억 중 하나가 끝없는 퇴행의 심연 속에 빠진 거였다. 오래전 그날, 나는 사물의 현재 상태를 설명하는 원인과 결과의 연결고리를 재구성해보려고 시간을 거슬러 올라가는 상상을 하기 시작했다. 나는 아버지와 어머니의 자식이고, 내 부모님은 할아버지와 할머니의 자식들이고, 할아버지와 할머니는 증조할아버지와 증조할머니의 자식이고, 그렇게 거슬러 올라갔다. 그리고 그들이 살던 시대보다 한참 더 오래전에는 공룡이 있었고, 또 그보다 더 오래전에는 다른 형태의 생명체가 있었고, 그보다 더 전에는 어떤 분자와 원자, 에너지가 있었을지 상상에 빠지곤 했다. 내가 들은 바로는 우주 전체가 기원이 있다고 했다. 그렇다면 맨 처음에는 무엇이 있었을까? 아무것도 없었을까? 하느님은 존재했을까? 존재했다면 어디에 있었을까? 나는 지금의 시간이 시작되기 전에 있었을 법한 것으로는 감도 잡히지 않을 만큼의 깊은 어둠과 텅 비고 아무 소리도 나지 않는 공간, 무섭고 말 그대로 이해가 되지 않는 외로움밖에 떠오르지 않았다. 고민에 빠진 나는 서둘러 현재로, 내 주변에 보이는 것들이 확실한 세상으로 돌아와, 존재에 관한 그 어떤 이유가 전혀 필요치 않거나, 특별한 원칙은 없지만 꼬리에 꼬리를 무는 수많은 원인이 필요한 것들의 (두 가지가 상충하므로 그만큼 당황스럽기도 하다) 이미지를 떨쳐내보려 했다.

하지만 나는 전혀 떨쳐내지 못했다. 그날 이후 내 생활의 일부는 항상 존재의 신비를 파헤치는 일에 매달려 있다.

세상은 왜 존재하는 걸까?[4] 아무것도 없을 수는 없었을까? 현실의 궁극적인 실체는 무엇일까? 이건 보편적인 의문이다. 시간과 장소를 막론하고 탄생에 관한 역사가 없는 문화는 없다.[5] 어떤 식으로든 창조에 관한 역사는 다른 역사의 기초가 되고, 인간 공동체가 다른 모든 것을 들여다보는 렌즈의 역할을 한다. 존재에 의미를 부여하는 것이 이 역사들이다. 내가 만약 세상이 존재하는 이유를 안다면, 내가 왜 존재하는지, 이 모든 것 속에서 내 위치가 어디인지도 알 수 있을 것이다.

인류가 말한 모든 창조의 역사는 '우주가 시작이 있었는지 없었는지'에 관한 질문에 어떤 답을 하는지에 따라 두 가지 부류 중 하나에 속하게 된다. 우주가 그 시작이 있었다고 보는 역사는 내가 어릴 때 겪었고, 이 문제에 관해 조금이라도 생각해본 사람이라면 누구든 부딪쳐야 하는 문제를 알아야 한다. 즉, 모든 사건에 원인이 있어야 한다면 모든 것의 기원인 첫 번째 원인을 알아내야 하고, 이 원인은 다른 어떤 것 때문에 발생한 것일 수 없다. 수많은 창조의 역사에서, 이 원인 없는 원인은 이 세상에 속하지 않는 신성하고 초월적인 존재로, 세상의 법칙을 따를 필요는 없으나 그 세상의 일에 관여할 힘은 갖고 있다. 예를 들면, 우주의 체계 내에 최초의 추진력을 제공한 불멸, 불변의 실체인 아리스토텔레스의 '부동의 동자(Unmoved mover, ho ou kinoúmenon kineî, 움직이지 않으면서 움직이는 자)'가 그런 경우다.

이런 생각은 신의 존재를 증명하는 수많은 가정의 바탕이 되는데, 그중 가장 유명한 것은 토마스 아퀴나스(Thomas Aquinas, 1224~1274)의 우주론적 증명으로, 기독교의 신을 통해 아리스토텔레스의 부동의 동자를 구분하는 것이다. 이것보다 현대적인 증명의 예는 철학자 고트프리트 라이프니츠(Gottfried Leibniz, 1646~1716)가 '모든 것에는 원인이 있다'라는 한 문장으로 요약할 수 있는 충족이유율(充足理由律)*을 공식화한 후 착안한 것이다. 라이프니츠는 우리가 궁금해할 수 있는 가장 근본적인 질문이 '왜 아무것도 없는 것이 아니라, 무엇인가 있는 것인가?'일 것이라고 전제했다. 이 독일 철학자가 내놓은 대답은 세상의 존재에 관한 설명이 필연적인 존재, 즉 그 자체에서 존재의 정당성을 찾을 수 있는 존재의 창조에서 찾을 수 있고, 존재하지 않는 것, 즉 신은 비논리적이라는 것이었다. 그러니까 라이프니츠에 따르면, 세상은 신이 존재하기 때문에 존재하고, 신은 신이 존재하기 때문에 존재하는 것이다.

라이프니츠의 논증은 다른 수많은 철학자들을 꽤나 당황스럽게 만들었을 것이다. 예를 들어, 회의론자들의 총애를 받던 데이비드 흄(David Hume, 1711~1776)[6]은 최초 원인의 필요성은 우리 마음속에 있을 수 있지만, 그것이 실제 사실과 일치하는 것은 아니라고 주장했다. 다시 말해, 무엇인가 존재한다고 생각할 수 있다면 마찬가지 방식으로 존재하지 않는다고도 생각할 수 있다는 것이다. 현실 세계에서 신을 포함해 존재하지 않는다고 모순되는 것은 아무것도 없다고 말이다(앞으로 보게 되겠지만, 흄은 원인의 개념 자체에 관해서도 많은 주장을 펼쳤다).

* '어떤 사실'에 대해 '왜'라고 묻는다면 반드시 '왜냐면'이라는 형태의 설명이 있다는 개념.

두 번째 부류에 속하는 창조의 역사, 즉 우주의 시작을 짐작하지 못하는 역사를 생각해볼 수 있다. 이 경우는 논리적으로 조금 덜 어렵다. 우주가 항상 존재했다면, 겉으로 보기에 그 존재에 관한 설명을 찾는 것은 문제가 되지 않는다. 이런 설명(혹은 비설명) 유형의 극단적인 예는, 아마존 피라항(Pirahã) 부족이[7] 숲과 인간이 있기 전에 무엇이 있었는지 묻는 인류학자들에게 세상은 "원래 이랬다"라고 대답한 것에서 찾을 수 있다.

물론 피라항 부족의 말보다 더 구체적인, 시작이 없는 역사들이 존재하는데, 우주가 끝없는 생사의 순환을 거치는 역사와 우주가 계속 변화하기는 하지만 영원히 지속하는 역사가 있다. 동양 문화에서는 이 두 가지 역사를 모두 찾아볼 수 있다. 그리고 영원한 존재가 초기에는 혼란스럽고 형태도 없다가 어느 시점부터 우리가 아는 세상의 형태를 취한 근본적 실체인 역사도 있다. 이 역사에서는 원시 물질의 변형과 무질서에서 질서로의 상태 변화에 관해서만 설명이 된다. 간혹 이러한 변화를 일으키는 신은 초월적인 존재가 아니라 그저 아주 강력한 존재, 우주 안에 살면서 어떤 물질이나 공간, 시간을 만드는 것이 아니라 세상의 형태만 만드는 일종의 마법사 같은(일부 문화권에서는 거인으로 표현되는) 존재일 뿐이다. 그런데 혼란에서 질서가 만들어지는 것은 우연의 산물일 수 있다. 예를 들어, 그리스의 원자론은 어떤 것이든 무(無)에서 나올 수 있다는 것을 명확하게 부정하고, 창조자의 개입이 필요하다고 보지도 않는다. 우리가 아는 세상이 만들어지는 것은 끝없이 반복되는 조합의 게임이라고 생각한다.

시작이 없는 모든 역사에서는 현실의 존재를 불가해한 사실로 받아들인다. 세상에서 현실이 취하고 있는 형태, 즉 우리가 관찰하는 구조의 기원을 설명할 뿐이다. 하지만 이 경우 현기증이 나도록 끝없는 회귀의 굴레 속으로 빠질 수밖에 없다. 최초의 원인은 없지만, 어떤 사건 이전의 원인은 끝없이 존재하니까.

원래 존재한 우주나 과거의 어느 시점부터 존재하기 시작한 우주나, 논리적이거나 개념적인 어려움과 상관없이 두 가능성 중 한 가지만이 우리가 사는 우주를 정확히 짚고 있는 것이다. 과연 어느 쪽이 옳을까?

나는 전례나 계율 때문에 크게 충돌하는 일도 없고, 교리에 관해 진지한 대화를 나누는 일에도 그다지 관심을 두지 않는 평범한 기독교 집안에서 자랐다. 내가 어렸을 적, 그러니까 사람들이 존재에 관해 처음으로 질문을 던지기 시작하던 시기에 접한 창조의 역사는 성경의 창세기에 기록된 것이었다. 그 내용에 크게 믿음이 가지는 않았지만 그렇다고 마땅히 대체할 만한 이야기가 있는 것 같지도 않았다.

우리는 이 특별한 창조의 역사를 과소평가하는 경향이 있다. 특히 교회 성직자들이 제시해온 매우 화려한 해석 중 신이 입법자의 위치에서 우주의 체계를 작동시키고 올바르게 작용할 수 있도록 한다는 개념이 우리의 문화뿐 아니라 과학의 발전에 깊은 영향을 끼쳤음에도 말이다. 하지만 사실상 세상이 어떻게 만들어지게 됐는지 궁금할 때 성경의 초반부에 기록된 창조의 역사를 뒤져보기에는 상당히 무리가 따른다. 앞부분의 몇 줄을 읽어보면, 성경 속 신이 무에서 우주를 창조했는지, 혹은 수많은 학자들의 주장처럼 이미 존재하던 물질들을 조합하기만 한 것인지 명확하게 나와 있지 않다. 성경도 다른 모든 신화와 다를 바 없이 그저 모호한 해석일 뿐이다.

실제로 우주의 존재에 관한 내 의문이 커지면서 점점 더 세밀하고 복잡해지자 성경의 내용이 실망스럽게 보이기 시작했다. 성경의 내용을 문자 그대로 받아들이지 않고 상징적인 기록이라는 점이 문제라고 본다면, 실제로 어떤 일들이 있었는지, 또 그러한 상황을 확인할 수 있는지를 파악해야 한다. 그러고는 얼마 후부터 내가 헤어나오지 못하고 있던 중요한 의문들을 진지하게 다루고 그에 관한 답을 찾을 사람들이 과학자뿐이라는 것을 알게 되었다. 내가 고등학생이었을 때, 다들 한 권씩 사기는 했지만 거의 읽지 않는 책 중 하나가 스티븐 호킹(Stephen Hawking, 1942~2018)의 《시간의 역사, 빅뱅에서 블랙홀까지(*A Brief History of Time: From the Big Bang to Black Holes*)》다. 읽기는 다 읽었지만, 당시 너무 어린 탓에 거의 이해는 하지 못했다. 하지만 여전히 스티븐 호킹이 "과학의 목적이 우리가 사는 우주에 관해 완벽하게 설명하기 위한 것이고[8)], 이 목적을 달성하는 것이 신의 마음을 헤아리는 것"이라고 했던 말은 생생하게 기억이 난다. 지금 생각하면 상당히 오만한 말이지만, 당시 내게는 심장을 뛰게 했던 말이었다.

사실상 거의 한 세기 전부터, 과학은 적어도 우주가 어떻게 존재하게 됐는지에 관해 진지한 의문을 품을 수 있게 만들기는 했다. 이렇게 진지하게 말한다고 해서 특별한 의도를 품고 말하는 것은 아니다. 다만, 어떤 시대를 막론하고 이런 의문을 가져본 사람은 하루빨리 이 문제를 해결해야 한다는 생각을 품는다. 그러니까 내가 하고 싶은 말은, 과학이 그 급한 마음에 이끌려 실험적 분석에 나섰고, 구체적인 증거를 바탕으로 한 답을 찾기 시작했다는 것이다. 지난 몇십 년간, 이런 그림은 점점 더 선명해지고 있다.

우리가 어느 정도 파악한 것 중 하나는 우주 자체가 역사를 가졌다는 것이다. 이게 무슨 의미일까? 이 말은 곧 현재의 우주가 과거와 매우 다르다는 것을 뜻한다. 오늘날의 우주는 별과 은하로 가득한데, 그것들이 주로 모여 있는 영역과 아무것도 없는 거대한 빈 영역이 번갈아 나타난다. 반면, 과거에는 특별한 구조 없이 단순한 입자와 빛의 바다였다. 현재 우리의 모든 물리학 이론과 관측 결과가 이러한 일반적인 그림과 일치하는 것으로 나온다. 그리고 우주의 역사에 관한 수많은 세부사항, 즉 이전의 상황에서부터 어떻게 현재의 우주가 되었는지를 설득력 있게 설명하는 데도 일정 수준에서 성공했다.

그런데 우주가 이런 방식으로 돌아가고 있다는 것을 어떻게 확신할 수 있을까? 지금부터 내가 하려는 이야기가 바로 이것이다. 하지만 그 전에 잠시, 세상에 관한 우리의 질문에 과학이 어떻게 대답하는지부터 살펴봐야 한다.

2

탐험

Esplorazione

의미론 학자 어빙 리(Irving Lee, 1909~1955)는 신입생들에게 예비 질문을 곧잘 던지곤 했다. 어느 날에는 학생들에게 성냥갑을 보여주며 이렇게 물었다. "이게 뭘까요?" 질문이 끝나기가 무섭게 재빠른 학생 한 명이 대답했다. "성냥갑이요!" 그러자 어빙 리는 그 학생을 향해 성냥갑을 던졌다. "아니, 이거죠! '성냥갑'은 그저 소리(음운)일 뿐이에요. 학생 생각에는 소리 같나요, 이게?"[9)]

현실은 있는 그대로고, 작용하는 대로 작용한다. 우리가 말이나 방정식을 통해 설명하려고 하는 것은 현실이 아니다. 그리고 그 현실은 우리가 믿거나 그에 관해 확언하는 것을 따라야 할 의무가 전혀 없다. 필립 K. 딕(Philip K. Dick, 1928~1982, 미국의 소설가)의 말에 의하면 "현실은 더는 믿지 않게 되어도 사라지지 않는 것"[10]이다.

그럼에도 우리는 세상의 규칙과 규범을 관찰하고, 이 규칙과 규범이 과거에 일어난 일을 설명할 뿐 아니라 앞으로 일어날 일까지 예견할 정도로 효율적인 설명 속에 가두는 데 성공했다.

예를 들어, 나무에서 떨어지는 사과를 보면서 사과가 떨어지는 시간과 나뭇가지의 높이 간 관계의 존재에 관한 가설을 세울 수 있었다. 서로 다른 높이의 가지에서 수많은 사과들이 떨어지는 시간을 측정해 높이와 속도 간의 수학적 관계를 명확하게 찾아낼 수 있다. 이 관계는 어떤 일이 일어난 것을 이야기하는 단순한 설명이 아니다. 무엇인가 더 담겨 있다. 내가 나무에서 떨어지는 사과를 관찰할 때마다 사과는 매번 똑같은 관계를 지키면서(측정 오차 범위 내에서) 떨어질 테니까. 세상은 겉으로 보기에는 항상 똑같이 주어진 조건에서 똑같은 방식으로 움직이는 듯하다. 그래서 어떤 일이 아직 발생하지 않았지만 발생할 것이라고 예견할 수 있다.

그런데 이러한 현실의 특성에는 놀라운 무엇인가가 있다(어쩌면 마법이라 할 수도 있다). 궁극적으로 우리가 과학을 창조할 수 있게 한 것이자 동시에 과학 자체의 놀라운 성공을 설명한 것인데, 그것은 인류에게 스스로 도취할 만큼의 엄청난 힘을 주었다. 이 놀라운 무언가는 논리적인 방식으로 기호를 다루는 능력이다(공식, 이 또한 마법의 의미가 담긴 단어 중 하나다). 이제 기호를 조작하는 과정을 거쳐 과거에는 알지 못했던 현실의 모습을 예측하거나 밝혀내기에 이르렀다. 실제로 현실에서 벌어지는 사건을 아주 정확하고 올바르게 예측할 가능성을 얻게 되었고, 자연적인 과정의 추이를 통제하고, 그 결과를 어느 정도 수정할 수 있는 능력도 갖추게 되었다.

그러나 우리가 과학을 마법과 같은 것으로(혹은, 더 심한 신비 같은 것으로) 바꾸고 싶지 않다면, 과학이 어떻게 작용하는지 조금 더 잘 파악하려 노력해야 한다. 과학 철학에 관한 학술지까지 살펴보지 않으려면,[11] 다음으로 넘어가기 전에 적어도 몇 가지 기준은 설정할 필요가 있다.

우리는 과학적인 방법에 한정해서만 언급하며, 과학자들이 현실의 작용을 합리적으로 파악하기 위해 적용하는 관행들을 살펴볼 것이다. 이러면 허황된 정의처럼 보일 수 있지만 (과학은 과학자가 하는 일이다) 이것은 의도적이다. 어떤 이론이 엄격하게 따라야 하는 프로토콜인 것처럼 명확하게 코드화하려는 시도는 논쟁의 여지가 있을 뿐 아니라 우습기까지 하다. 과학이 작용하는 방식과(혹은 서로 다른 학문, 예를 들어 물리학과 생물학도 서로 다른 방법론적 접근 방식을 취한다), 심지어 과학의 목적에 관해서도 다양한 관점과 의견이 있다. 어쨌든 일반적인 선상에서는 과학적 방식이 관찰이나 합리적인 가설의 공식화, 실험, 결과의 공유 등 기본적인 몇 가지 요소의 조합을 바탕으로 한다는 사실에 큰 이의가 없다. 과학의 목적에 한정할 때, 내가 생각하기로는 우리가 사용할 수 있는 데이터와 양립할 수 있는 자연 현상을 최대한 잘 설명하는 방법을 연구하는 것이 과학이다.

그러면 어떻게 연구할까? 이 연구는 수사를 진행하는 것과 아주 비슷하다. 일단 수사하고자 하는 현상에 대해 최대한 많은 양의 자료를 아주 신중하게 수집한다. 그다음에는 이미 알려진 지식을 동원하거나, 알아낼 것이 별로 없는 것 같다면 새로운 아이디어나 작동 체계를 바탕으로 수집한 자료를 설명할 수 있는 가설을 세운다. 그러고는 마지막으로(이 단계가 정말 중요한 핵심이다) 가설을 검증한다. 어떻게 할까? 가설을 이용해 이전에는 관찰된 적이 없는 새로운 현상에 관해 예측한다. 그래서 새로운 데이터를 수집해 예측한 내용들과 비교해 봐야 한다. 데이터가 예상한 바와 일치하지 않으면 가설은 무용지물이 되고 처음부터 다시 시작한다.

분명한 점은 가설이 관찰이나 실험을 통해 검증되려면, 정확하고 정량화할 수 있는 예측 가능한 수준이어야 한다는 것이다. 모호하거나 모순된 예측이 나오거나, 여러 해석이 나올 수 있는 예측이 만들어지는 가설은 과학적인 가설이 아니다. 마찬가지로, 예측이 나오지 않는 수준이거나 이미 알려져 있고 다른 가설로도 충분히 설명되는 예측만 가능한 가설은 아무런 가치가 없다. 궁극적으로 과학적 가설은 우리가 이미 알고 있는 것과 일치하기도 해야 하지만, 자연에 관해 새로운 무엇인가를 알려줘야 하고, 무엇보다 잘못된 부분이 증명될 수도 있어야 한다. 다시 말해, 적어도 원칙적으로는 오해의 소지 없이 반론을 제기하는 새로운 데이터를 얻을 수 있어야 한다.

어떤 가설이 실험이나 관찰을 통해 결정적으로 오류인 것으로 증명되거나 반증될 수 있다는 점은, 어쨌든 가설 자체는 틀렸을망정 과학적이라고 정의할 수 있는 기준에 부합한다. 물론 이 기준이 상당히 중요하기는 하지만, 거짓일 수 있는 가설이 자동으로 과학적이라거나 당연히 진지하게 받아들여져야 한다고 오해하면 안 된다(이런 전형적인 혼동의 예로, 별자리가 우리의 성격과 운명에 영향을 끼친다는 예측인데, 이 예측의 일부가 원칙적으로 반증이 된다 해도 당연히 과학적이지 않다). 요약하면, 반증 가능성은 전적으로 올바른 가설의 특징은 아니고, 그저 하나의 전제조건일 뿐이다. 하지만 이 원칙의 역(逆)은 확실한 사실이다. 가설이 반증이 될 수 없다면, 실험할 것도 전혀 없으므로 실험적 조사를 지속할 의미가 없다.

그렇다면, 어떤 가설이 실험적 증명을 통과하면 어떻게 될까? 이 경우 우리는 이 가설이 우리가 연구하고 있는 현상을 잘 설명한다고 결론 내릴 수 있다. 과학적 설명은 일반적인 설명과는 확연히 다른 의미를 지닌다. 가설은 예측이 데이터와 충분히 일치할 경우, 이 데이터에 관해 설명한다. 대다수 사람은 이런 종류의 설명을 귀납적이라고 생각한다. 그런데 우리가 알고자 하는 것은 어떠한 일들이 일어나는 이유다.

앞에서 말한 떨어지는 사과의 예에서, 추락하는 시간과 높이같이 추락 현상의 변화 가능성을 적절하게 설명하는 수학적 관계를 찾을 수 있는데, 과학자에게 이 수학적 관계는 데이터에 관한 바람직한 설명이다. 즉, 일정한 한계 내에서 떨어지는 사과의 움직임에 관한 정확하고 일반적인 결론을 도출하게 해주는 훌륭한 현실의 모형인 것이다. 사실 자세히 살펴보면, 모든 과학적 설명은 데이터에 충실한 모형일 뿐이라는 것을 알 수 있다.

하지만 점점 더 깊은 수준의 설명을 찾을 수 있는 것도 사실이다. 조사를 계속하다 보면 떨어지는 사과의 운동이 일정한 가속도로 이루어지고, 이 가속도는 사과뿐 아니라 우리가 떨어뜨리는 다른 물체에 대해서도 항상 다르지 않게 적용된다는 것을 발견할 수 있다. 이때 우리는 가속도를 발생시키는 것이 무엇인지 궁금해할 수 있고, 지구와 사과 사이 그리고 사실상 지구와 다른 어떤 물체 사이에 작용하는 인력에 의해 가속도가 발생한다는 가설을 세워, 어느 정도 거리를 두고 떨어져 있는 두 질량 사이의 힘을 나타내는 수학적 관계에까지 이를 수 있다. 그러다 만유인력의 법칙도 발견할 수 있다. 만유인력의 법칙은 사과의 추락뿐 아니라, 행성들의 궤도같이 완전히 결이 달라 보이는 수많은 현상에 대해서도 알게 해줄 것이다. 그렇게 우리는 일련의 법칙과 관계에서 물리적 원인을 식별하는 이론으로(추락하는 사과의 경우, 중력이론) 옮겨가면서 자연에 관한 이해의 폭을 넓히게 된다.

일반적으로 '이론'이라고 부르는 것도 사실 과학적 용어 사용과는 아주 다르다. 과학적 이론은 진실일 수도 그렇지 않을 수도 있는, 단순히 저만치 버려진 아이디어가 아니다(우리가 대화체의 언어로 "내 이론은 말이야…" 혹은 "뭐 그냥 이론이지" 이렇게 말할 수 있는 것이 아니다). 정반대로, 일반적인 틀에서 매우 다양한 현상을 통합하는, 아주 정교한 일반화와 검증 과정의 목표점이다. 근본적으로 이론은 과학이 어느 주어진 역사적 순간에 만들어낸, 현실의 특정한 면을 가장 잘 설명한 것이다.

조사를 진행하면서 우리가 사용할 수 있는 최고의 이론으로도 해석이 될 수 없는 새로운 현상들이 나타날 수 있다. 이때, 이 최고의 이론은 수정이나 확장되어야 할 수 있는데, 예를 들어 뉴턴이 개발한 중력이론은 20세기 초까지는 잘 적용되었지만, 더 광범위한 일련의 현상들을 더 잘 설명하는 일반상대성이론에 추월당했다.

이 시점까지 왔으니, 이제 내가 할 일은 과학적 방법에 관한 이 간략하고 불완전한 설명을 마치기 위한 몇 가지 관찰만 남았다. 첫 번째 관찰은 믿을 수 없을 정도로 사소한 현상들의 경우를 제외하고, 우리가 사용할 수 있는 데이터가(여기서 한 가지 기억해야 할 점은, 세상의 데이터들은 절대로 끝없이 정확할 수 없고, 어떤 데이터든 측정 과정에서 오차의 여지를 갖고 있다는 것이다) 다른 가설들과 일치할 수 있다는 점이다. 그러니까, 확실하거나 결정적인 설명을 얻는 것이 문제가 아니라, 그저 어떤 설명이 특정한 맥락에서 가장 타당한지를 설정하는 것이다. 다시 말해, 우리는 가설이나 이론의 실제 가능성이나 신뢰성을 다루는 것이지, 결코 현실을 말하는 것은 아니다. 우리가 새로운 것을 관찰하고 이 관찰 내용을 이론적 예측과 비교할 때마다 우리가 갖고 있던 지식이 갱신되고, 이 세상에 관한 우리의 가설은 더 타당해지거나 반대로 실현 가능성이 떨어지게 된다(이 실현 가능성은 아주 중요한 부분이라 나중에 다시 언급할 것이다).

그리고 단 한 번의 부조화를 관찰하는 것만으로도 어느 한 가설을 반증해 우리가 이 가설을 버리게 될 수 있지만, 견고한 이론이 완전히 오류라고 판명되어 끝나는 일이 훨씬 더 어렵다는 점을 강조해야 할 것 같다. 이론은 점진적으로 축적된 수많은 양의 증거를 기초로 한 복합적인 구조물과 같다. 어떤 이론이 결정적이라는 말은 절대로 할 수 없지만(최고의 이론도 현실에 근접한 설명일 뿐이라서 나중에는 개선이 된다), 그 이론이 능가하기 어려운 수준의 정확성과 실현 가능성에 이를 수는 있다. 언제라도 개선될 수 있지만, 점점 더 뛰어나야 한다.

따라서 과학은 현실을 탐구하는 과정이고, 과학 지식은 세계지도와 비슷하다고 볼 수 있다. 지도만이 우리가 현실을 탐사하는 과정에서 조금씩 넓어지는 영토를 포용하는 것도 아니며, 점점 더 정확하고 상세해지는 것도 아니다. 여기서 중요한 것은, 지도는 현실이 아니라는 점을 기억하는 것이다. 우리의 이론이 아무리 정교해도, 복잡한 현실

세계에서 우리가 방향을 찾기 위해 사용하는 이상화된 단순화, 즉 개념적 도구일 뿐이다.

3

시공간

Spaziotempo

1915년, 알베르트 아인슈타인은 자신의 과학적 역작인 일반상대성이론을 완성했다. 물리학자 레프 란다우(Lev Landau, 1908~1968, 소련의 이론물리학자)는 이 이론을 '가장 아름다운 이론'이라 정의했고, 한 세기가 더 지난 지금도 마찬가지다. 아인슈타인의 이론을 연구하다 보면, 숭고한 예술적 창작물이나 자연의 아름다움을 마주했을 때의 느낌과 유사한 희열을 경험하지 못한 물리학자가 이 세상에 있을까 하는 의구심마저 든다. 아인슈타인의 시대에도 분명 그랬을 것이다. 일반상대성이론은 모든 부분이 밑바닥부터 논리적이고 조화로운 방식으로 올라오는 놀라운 형식의 구조물 같다. 무엇보다, 사실 이 점이 가장 중요한데, 현실을 아주 정확하게 설명한다. 나는 일반상대성이론을 그 끝없는 대중적인 해석으로 풀지 않을 것이다. 먼저 이 이론의 본질적인 요소들을 명확히 할 필요가 있다. 아인슈타인의 이론을 이용하지 않고서는 우주의 작동에 관해 아무것도 알 수 없기 때문이다.

특수상대성이론으로(일반상대성이론보다 10년 앞선 이론) 아인슈타인은 일정한 속도로 일직선으로 이동하는 관찰자에게 해당하는 현실을 설명하려고 했다. 그 과정에서 공간과 시간은 분리된 실체가 아니라 연속체, 즉 시공간으로 보아야 한다는 결론을 내렸다. 그리고 공간과 시간의 측정은 절대적이지 않고, 관찰자의 속도에 따라 달라진다고 판단했다. 움직이는 물체는 멈춰 있을 때보다 길이가 짧아지고(움직이는 쪽으로), 움직이고 있는 시계는 가만히 있는 시계보다 느리게 간다는 것이다.

일반상대성이론은 이름에서 알 수 있듯, 관찰자의 움직임으로 인한 모든 제한을 제거했다. 아인슈타인은 가속 상태를 포함한, 어떤 기준의 체계에서도 유효한 물리적 법칙에 관한 설명을 찾으려 했다. 그러면서 공간과 시간의 특성이 특수상대성이론으로 나타난 특성보다 훨씬 더 오묘하다는 것을 알아챘다.

일반상대성이론에 따르면, 공간과 시간은 문자 그대로 탄력적이고 변형 가능하다. 접히거나 압축되거나 평평하게 펼쳐질 수 있다. 이러한 변형이 일어나는 방식은 물질의 (그리고 에너지) 분포와 관련이 있다. 어떤 것이든 질량이 있는 물체 주위에서는, 공간과 시간이 변화한다. 거대한 물체에 다가갈수록 시간이 천천히 흐르고 주변 공간은 구부러지는데, 그로 인해 예를 들어 빛 같은 것이 빈 공간을 지날 때와는 다른 궤적을 따라 움직인다. 물질은 공간을 구부리기만 하는 것이 아니라, 물질 자체도 휘어지게 하는 곡률에 영향을 받는다. 사실 아인슈타인은 우리가 중력이라 부르는 것이 질량이 있는 물체 사이의 인력이 아니라, 질량 자체로 만들어진 공간의 기하학적 표현이라는 것을 알아냈다. 뉴턴이 생각했던 것처럼 물체들이 멀리서 서로 당기는 것이 아니라 공간 속에서 저절로 만들어진 경사면을 따라 구르면서 만나는 것이다.

그러니까 일반상대성이론은 공간과 시간, 중력을 결합한 것인데, 아인슈타인이 이 이론을 공식화한 때부터 지금까지 우리가 고안해낸 그 모든 실험적 검증을 통과했다. 우리는 질량이 있는 별과 은하 주위에서 빛이 휘어지는 것과 시계가 우주에서보다 지구에서 더 느리게 움직이는 것을 보았고, 블랙홀이나 중력파의 존재같이 처음에는 아인슈타인

자신도 진실이라고 여기기에 너무 난해해 보였던 예측들이 자연스럽게 실현된 것도 봤다. 이러한 결과들은 이제 우리가 일상적으로 사용하는, GPS 위성 네트워크를 기반으로 한 위치 추적장치 같은 장비를 올바르게 작동시키는 데도 필요하다. 말하자면 일반상대성이론은 성공한 물리학 이론의 예 중에서도 단연 최고라고 할 수 있다. 실험 데이터를 바탕으로 수학적 관점에서 봤을 때 논리적이고 일관성이 있으며, 수많은 양의 현상들을 설명할 수 있는 엄청난 능력을 지닌 이론이다.

아인슈타인이 일반상대성이론을 완성한 직후 이를 적용하려 할 때 가장 먼저 생긴 문제 중 하나는 우주의 복합적인 구조를 이해하는 것이었다. 이전 세기의 물리학에서는 이 문제에 맞설 개념적 수단이 없었기에 상당히 허무맹랑한 연구였다.

우주 전체에 적용된 뉴턴의 만유인력의 법칙은 수학적 관점에서 이치에 맞지 않고, 물리학적으로도 불안정한 답을 만든다. 예를 들어, 우주에 일정한 수의 별이 있다고 가정한다면, 조만간 우주의 중심점에서 붕괴할 운명을 맞을 것이라 추론된다. 그런 우주에 중심이 있고 주위에는 끝없는 빈 공간이 펼쳐져 있다는 것 자체가 부자연스럽고 문제가 있어 보이며, 우주에는 특별한 위치가 없다는 니콜라우스 코페르니쿠스(Nicolaus Copernicus, 1473~1543)의 시각과도 반대되는 것이었다. 반면, 별의 수가 무한하고 우주 공간 속에 균질하게 분포되어 있다고 상상하면, 어느 정도의 힘이 동원되고 아주 특별한 조건이 조성된 가운데 시스템의 균형을 유지할 수 있다. 하지만 공간의 각 지점에서 중력이 무한대가 되어야 한다. 결국, 뉴턴의 중력이론으로는 만족스러운 물리학적 우주 모형을 만들 수 없었다.

그런 상황에서 일반상대성이론이 탈출구를 열어주었다. 1917년 아인슈타인은 자신의 방정식에서 역사상 최초로 일관성 있는 우주 모형을 추론해냈다. 두 가지 가정을 기초로 한 추론이었는데 상당히 일리가 있는 것이었다. 첫 번째는 우주가 균질하고 등방(等方, Isotropic)*하다는 가정인데, 전혀 복잡한 가정이 아니다. 우주의 물리적 특성이 공간 속에서의 위치나 관찰하는 방향에 의해 좌우되면 안 된다는 간단한 내용이다. 기본적으로 우주는 그 규모가 상당히 큰 규모이므로 모든 관찰자에게 같게 보여야 한다. 이러한 가정은 실질적으로 우주에는 특별한 위치가 존재하지 않는다

---

* 물체를 관찰할 때 관찰하는 방향이 달라져도 그 성질이 변하지 않는 것. 등방성은 모든 결정 방향에 대해 물리적 성질이 같다.

는 코페르니쿠스의 관점이 확장된 것인데, 정확히 '우주론 원리(Cosmological principle)'의 등급을 얻을 정도로 상당히 합리적인 듯하다.

아인슈타인은 이 우주론 원리가 유효하다고 본 상태에서, 한정된 양의 물질을 보유한 우주, 부피는 유한하지만 중심이 없고 가장자리나 경계가 없는 우주의 모형을 얻는데 성공했다.

그런데 어떻게 그런 우주가 있을 수 있을까? 공간을 구부리면 된다. 구부러진 3차원 공간을 시각화하기 쉽지 않으므로 2차원 공간으로 시험해보자. 종이처럼 면적이 한정되어 있고 표면이 평평한 공간이 있다고 하면, 이 공간은 반드시 중심과 가장자리가 있다. 그런데 이 평평한 표면을 잡고 쫙 펼쳤다가 구형이 되도록 구부려 붙여보자. 아직 공간은 한정되어 있지만, 가장자리는 사라진다. 나는 이제 이 구형의 표면을 따라 끝없이 이동할 수 있고, 그 어떤 장애물도 만나지 않는다. 그리고 이 표면에는 중심이 없다. 각 지점이 다른 모든 지점과 동일하다. (물론 구형에는 중심이 있다. 하지만 구형 자체의 표면에는 중심이 없다. 중심은 2차원 공간에 속하지 않는다.)

아인슈타인의 우주는 구형과 같은 기하학적 특성, 즉 공간의 모든 지점에 일정한 곡률이 있지만 2차원이 아닌 3차원이라는 특성을 띤 곡선 공간이었다. 이러한 것을 '초구(Hypersphere)'라고 하는데, 3차원 공간만 경험해본 존재인 우리는 이 초구를 시각화하는 것이 불가능하지만, 수학을 이용하면 완벽하게 이해할 수 있다. 그리고 3차원의 경계 안에 있어도, 구형의 표면에 있는 2차원의 존재와 마찬가지로 측정과 실험을 통해 공간의 곡률을 파악할 수 있다(실제로 우주에서 관측할 수 있게 되기 전에는 측정과 실험으로 지구의 곡률을 측정했다). 예를 들어 우주가 초구 형태라면, 처음에는 평행하던 두 선이 한 지점으로 모이기 시작해 상당히 긴 경로를 지난 후 만나게 된다는 점을 알아야 한다(지구의 자오선도 마찬가지다). 아니면, 계속 같은 방향으로 이동하다가 조만간 출발점으로 돌아올 수밖에 없다.

아인슈타인이 자신의 우주 모형을 실현하기 위해 사용한 두 번째 가정은 시간이 흘러도 우주 그 자체가 거의 같게 유지된다는 것이었다. 우주는 시작과 끝이 없고, 특정한 시대도 없는 정적이고 변함없다는 것이다. 이 둘 중 아인슈타인이 택한 가정은 공간과 시간, 모두에 적용되는 '완벽한' 우주론 원리였다. 당시에는 정말 타당한 생각으로 보였다.

그러나 일반상대성이론을 동원해도, 정적인 우주 모형(정적 우주론)을 구현하는 일은 여전히 쉬운 일이 아니었다. 중력의 작용이 뉴턴의 이론에서 발생한 것과 별 차이 없이 물질의 분포를 불안정하게 만드는 모순이 존재했다. 몇 번을 고민한 아인슈타인은 자신의 방정식에 추가적인 조건을 덧붙여 보강할 수밖에 없었다. 이때 추가한 것이 현재 우리가 '우주 상수(Cosmological constant)'라고 부르는 것인데, 이 수학적 용어는 우주의 붕괴에 맞서는 물리적 효과를 담고 있다. 간단히 말해, 아인슈타인의 모형은 외부 조건이 뒷받침되어야만 유지될 수 있던 것이다. 아인슈타인은 직접 관찰한 끝에 이렇게 말한다. "일관된 답을 얻기 위해, 현재의 중력에 관한 지식으로는 설명되지 않는 중력장 방정식을 수정할 수밖에 없었다."

결국, 아인슈타인의 우주 모형이 실제 우주를 잘 나타내는 것이었다면 그 정도의 수정쯤은 큰 대가가 아니었을 것이다. 1917년에 사용할 수 있는 모든 데이터로는 그의 생각이 맞는 것처럼 보였다. 하지만 몇 년 지나지 않아 상황이 완전히 다르다는 것을 증명하는 새로운 관측이 이뤄졌다.

4

팽창

Espansione

아인슈타인이 정적 우주 모형을 발표한 때로부터 몇 년이 지난 뒤, 학자들은 시간의 흐름에 따라 모습이 바뀌는 우주를 설명하는 일반상대성이론으로 실제 우주 모형에 관한 실마리를 풀어낼 수 있을 것으로 생각했다.

1922년부터 1924년까지, 러시아의 수학자 알렉산드르 프리드만(Aleksandr Fridman, 1888~1925)은 우주가 공 모양의 구와(초구라도) 다른 기하 구조를 갖는다고 할지라도 우주론의 원리를 만족할 수 있다는 것을 증명했다. 앞에서 말한 것처럼, 구의 곡률은 표면의 어느 지점이나 똑같다. 그리고 모든 지점의 곡률이 양수다. 그래서 수학자들은 구의 어느 한 지점에서 출발해 어떤 방향으로 이동하든 항상 '내려간다'고 생각했다. 하지만 프리드만은 공간의 곡률이 일정하고 음수일 수 있다는 것을 증명했다. 프리드만의 이론에서 2차원 표면은 어느 한 지점에서 이동하기 시작해 한 방향으로 올라가고 수직 방향으로 내려간다. 이런 형태를 2차원에서 '쌍곡면(Hyperboloid)'이라 부르고, 안장과 거의 비슷하게 생겼다(감자칩 모양을 떠올려보자). 이 공간은 2차원에서의 평면처럼 곡률이 완전히 0일 수도 있다. 곡률이 음수일 때나 0일 경우 우주는 무한할 것이고, 아인슈타인이 생각한 양의 곡률을 갖는 우주와는 달리 무한한 양의 물질을 포함하고 있을 것이다.

우리에게 역사적으로 더 중요한 점은 프리드만이 우주의 크기가 시간이 지나면 변화할 수 있다고 지적한 부분이다. 정확히 말하자면, 우주에서 아무 지점이나 두 지점을 선택하면, 이 두 지점 간 거리가 시간이 지나면 늘어나거나 줄어들 수 있다는 것인데, 어디서든 같은 방식으로 공간이 팽창하기 때문에 어느 부분에서 두 지점을 선택하든 마찬가지의 결과가 나온다는 개념이었다.

프리드만의 연구 결과를 접한 아인슈타인은 다소 오만한 태도로 대했다. 처음에는 잘못된 개념이라고 판단했다가 점차 이론적 관점에서 옳다는 믿음을 가졌으나, 수학적인 호기심에 지나지 않는다는 생각에 변함이 없었다. 프리드만은 1925년 조금 이른 나이에 세상을 떠났고, 그의 연구는 당대에 거의 주목을 받지 못했다.

1927년 물리학자이자 예수회 사제인 조르주 르메트르(Georges Lemaître, 1894~1966)도 프리드만과 별도로, 시간의 흐름에 따라 변화하는 균질 등방한 우주 모형을 만들었다. 하지만 그의 연구 행적에는 무엇인가 더 새로운 것이 있었다.

이 시기에는 당시 '우리 은하 밖 성운'이라 부르던 성운들에 대한 관측이 많았는데, 지금은 그냥 (외부) 은하라고 부르는 이 성운들은 수천억 개의 별들이 중력에 의해 모인 것으로 우리 은하와는 아주 멀리 떨어져 있다. 관측된 은하들의 전자기 스펙트럼이 붉은색 쪽으로 치우치게 되어 '불그스름'한 빛을 띠는 공통점을 갖고 있다. 이렇게 적색 이동(Red shift)을 보여주는 은하들은 우리에게 멀어지면 멀어질수록 그 적색 이동의 양이 더 크다. 적색 이동은 '도플러 효과(Doppler effect)'라는 것에 의해 은하가 이동할 때 만들어진다고 설명할 수 있는데*, 도플러 효과는 움직이는 광원에서 나온 빛이 정지했을 때의 주파수를 변화시키는 효과다. 예를 들어, 우리를 향해 빠르게 이동하는 구급차의 사이

* [감수자 주] 엄밀하게는 도플러 효과가 전부는 아니다.

렌 소리가 그런 경우다.* 광원이 관찰자에게서 멀어지면, 빛의 주파수가 감소해 스펙트럼이 붉은색 쪽으로 치우친다.

르메트르는 자신의 우주 모형이 은하의 적색 이동과 거리의 상관관계를 아주 잘 설명할 수 있음을 증명했다. 우주가 정적이지 않고 팽창하며, 모든 은하는 다른 은하와 서로 멀어지고, 그 이동 속도는 떨어져 있는 거리와 비례한다. 우주의 그 어떤 은하에서든, 다른 모든 은하를 관측하면 멀어지는 모습으로 보이고, 적색 이동은 그 거리가 멀수록 더 큰 값으로 나타난다.

르메트르의 연구는 워낙 알려지지 않은 프랑스어 과학 잡지에 실린 탓에 프리드만의 연구와 비슷한 운명에 처하게 된다. 아인슈타인은 그에게 크게 신경 쓰지 않았고, 과학계도 완전히 무시하다시피 했다. 하지만 1929년에 미국 천문학자 에드윈 허블(Edwin Hubble, 1889~1953)이 은하의 적색 이동에 관한 새로운 관측 결과를 발표하면서 적색 이동과 거리 간에 선형관계가 존재한다는 것을 확인했다. 르메트르가 2년 전에 유추한 것과 완전히 일치하는 법칙이었

* 구급차가 가까워질수록 사이렌 소리의 파장이 짧아지고 높은 주파수의 소리로 들리지만, 구급차가 다시 멀어지면 사이렌 소리의 파장은 점점 늘어지고 낮은 주파수의 소리로 늘어나서 들리게 된다. 즉 전자기파의 가시광선 영역에서, 멀어질수록(파장이 길어지고 진동수가 작을수록) 스펙트럼이 더 붉게 보인다.

다. 허블은 특정한 물리적 모형을 내세우지 않고 기존의 데이터를 더 잘 해석할 수 있는 모형을 제시하기만 했다.

허블은 유명한 천문학자로 캘리포니아에 위치한 윌슨 산(Mount Wilson) 천문대의 연구자였는데, 당시 이 천문대는 세계에서 성능이 가장 좋은 망원경을 보유하고 있었다. 1924년 안드로메다 별자리에서 M31 은하까지의 거리를 처음으로 측정해, 우리 은하 밖에 또 다른 은하들이 존재한다는 것을 처음으로 제대로 보여준 것도 허블이었다. 과학계에서의 그의 유명세 덕분에 (그리고 강한 성격도 한몫했다) 적색 이동-거리의 법칙이 진지하게 받아들여지기 시작했고, 결국 '허블의 법칙'으로 불리게 되었다. 또 우주의 팽창률을 측정하는, 적색 이동과 거리 사이의 비례 상수도 '허블 상수'로 이름 붙여졌다. 이것도 1927년에 르메트르가 처음으로 제시한 것이다. 르메르트가 불어로 작성한 원본 논문은 1931년이 되어서야 영어로 번역되었다. 그러고는 2018년에 이르러서야 국제천문연맹(International Astronomical Union)에서 적색 이동과 거리 간의 관계를 '허블-르메트르 법칙'이라고 명명하자는 결의안이 과반수를 얻어 통과됨으로써 르메트르의 공로가 합당하게 인정되었다.

이런저런 문제들은 제쳐두고, 허블-르메트르 법칙의 발견은 동적인 우주 모형을 지지하는 최초의 직접적인 증거였다. 1930년대 이후로 은하들 사이의 공간이 시간의 흐름에 따라 늘어날 가능성을 더는 무시할 수 없게 된 것이다. 아인슈타인도 점차 자신의 방정식들이 팽창 중인 우주를 설명할 수 있을 것이라는 사실을 받아들이게 되었다.

그러나 도저히 받아들이기 어려운 부분은 이러한 방정식들로 인해 상상할 수 있는 물리적 현실이었다. 과거에는 우주의 두 지점 간의 거리가 지금보다 짧았을 것이다. 그리고 시간을 계속 거슬러 올라가면 모든 거리가 0이 되는 시점, 즉 팽창이 시작되는 때로 돌아갈 테고. 프리드만과 르메트르의 우주 모형은 우주가 시작이 있거나, 적어도 우주의 팽창이 과거의 어느 정확한 순간에 시작되었다고 암시하는 것처럼 보였다. 특히 르메트르는 우주의 기원이 거대 원자의 붕괴와 유사한, 원시적인 거대한 에너지가 폭발한 어떤 사건과 관련되었을 수 있다는 의견을 제기했다.

대부분의 물리학자들은 이를 기이하게 여겼다. 르메트르의 과학적 멘토인 영국의 유명 천체물리학자 아서 에딩턴(Arthur Eddington, 1882~1944)은 철학적인 차원에서 자연 질서의 시작에 관한 이 개념을 '역겨운(repugnant)' 것이라 평가하기도 했다.[12] 아인슈타인은 1931년에도 여전히 은하의 적색 이동에 관한 개념을 변하지 않는 우주 모형에 맞춰 보려 시도했다.[13] 그는 르메트르의 아이디어들이 "창조에 관한 기독교 교리에서 영감을 받았고, 물리적 관점에서 전혀 정당화되지 않는다"[14]고 생각했다.

사실 르메트르는 자신의 우주 모형에 대한 형이상학적 해석에 증거를 제시할 때마다 극도로 신중했다. 그런데 1951년에 교황 비오 12세(재위 1939~1958)가 교황청 과학원에서 연설하던 중 "오늘날의 과학이 갑자기 수백만 세기를 거슬러 올라간다면, 아무것도 없는 상태에서 나중에 은하로 성장하게 될 화학 원소 입자들과 같은 물질과 함께 대량의 빛과 복사의 분출이 일어나는, 그 태초의 '빛이 있으라(Fiat lux)'는 주문이 이루어지는 장면을 목격했을 것 같다"[15]라고 언급하며 성경의 이야기와 르메트르의 우주 모형이 명백히 일치한다는 점을 직접적으로 연결 지었다. 그러고는 얼마 지나지 않아, 르메트르는 교황과의 면담을 요청해 승낙을 얻어냈다. 둘 사이에 정확히 어떤 이야기가 오갔는지는 아무도 모르지만, 적어도 대중은 이 만남에 대해 과학자 사제가 창세기와 우주에 관한 과학적 관점 사이의 위험한 유사점을 조언했을 것이라고 해석했다. 확실한 것은 그 이듬해 국제천문연맹 총회가 시작되기 전, 르메트르의 우주론 모형에 관한 교황의 언급이 모두 사라졌다는 점이다.[16]

신학적인 문제 외에도 르메트르가 우주 팽창 모형의 의

미에 관해 신중해야 하는 이유는 여럿 있었다. 당시만 하더라도 우주가 시작이 있었고, 우주의 과거 상태가 현재와 달랐다는 실질적인 과학적 증거가 없었다. 은하의 움직임을 관측하는 것만으로 우주의 기원에 관한 결론을 이끌어내기에는 충분치 않았던 것이다.

5

원소

Elementi

공간의 팽창은 단순히 과거에는 모든 것의 간격이 지금보다 더 가까웠다는 것뿐 아니라, 우주 전체적인 물리적 상태가 근원적으로 지금과 달랐다는 것을 의미한다. 같은 양의 물질이라도 부피가 더 작았을 테니 밀도가 더 높았을 것이다. 그러나 어떤 기체가 피스톤에 의해 압축된 상태일 때 온도가 높아지는 것처럼, 과거 우주의 밀도가 더 높았다면 온도가 지금보다 더 높았다고 가정해볼 수 있다. 그렇다면, 팽창 초기 단계에서는 어떤 특정한 구조가 존재하는 데 장애가 될 정도로 온도가 상당히 높았을 것이다. 모든 물질이 아주 단순한 상태였을 것이다. 원시 우주에는 별도 은하도,

심지어 빈 공간도 존재할 수 없었고, 입자와 에너지의 바다만 균질하게 펼쳐져 있었을 것이다. 그러다 계속해서 팽창이 진행되면서 평균 온도가 점점 내려가고, 결국 지금 상태의 우주가 된 것이다.

1940년대 조지 가모프(George Gamow, 1904~1968, 러시아 출신의 미국 천문학자)와 랠프 앨퍼(Ralph Alpher, 1921~2007, 미국의 우주론 학자), 로버트 허먼(Robert Herman, 1914~1997, 미국의 물리학자), 이 세 물리학자는 우주가 초기 단계에서 밀도와 온도가 높았다면, 우리가 관측할 수 있는 결과물로 무엇이 있을지 궁금해하기 시작했다. 먼저 그들이 찾은 결과물을 이해하려면, 잠시 짬을 내어 우주의 화학 원소들이 어떻게 만들어졌는지 알아야 한다.

이제는 너무 많이 회자되어 진부한 것으로 치부되지만, 우리는 별이 남긴 먼지다. (아니면, 예전 어느 노래 제목처럼 '별의 자식'이라고 할 수도 있다). 그런데 이 말은 진짜다. 별은 우주에 존재하는 대부분의 화학 원소들의(당연히 우리의 몸을 구성하는 원소들도 포함된다) 생성과 직접적으로든 간접적으로든 관련이 있다.

별은 에너지를 생산하는데, 핵융합 반응을 통해서 생겨난 이 에너지가 별을 밝게 유지시켜준다. 이러한 개념은 1920년대 팽창 우주 모형이 형성되던 바로 그 무렵에 자리

잡기 시작했다. 핵융합 유형의 가장 간단한 반응은 네 개의 양성자로 시작하는데, 각 양성자는 자연에 존재하는 가장 풍부하고 가벼운 원자인 수소의 핵을 구성한다. 몇 가지 중간 반응을 거쳐, 네 개의 수소 핵이 융합하면서 원소 주기율표의 두 번째 원소인 헬륨 핵(양성자 2개, 중성자 2개)을 생산한다.

수소에서 헬륨으로의 융합은 별이 존재하는 대부분의 기간 내내 별에 에너지를 공급하는 주요 체계다. 수소가 부족해지기 시작하면, 별은 더 무거운 핵들을 태우는 반응을 거쳐 별 자체의 수명을 일시적으로 연장시킬 수 있다. 처음에는 먼저 헬륨을 태우고, 그다음에는 (원소들의 질량이 충분하다는 가정하에) 탄소와 네온, 산소, 규소 순으로 태운다. 이런 식으로 별은 탄소에서 철이 되는 원소들의 핵을 생산하는데, 이후 이 원소들은 별이 생명을 다하는 단계를 거치면서 주변 공간으로 사라진다. 철보다 무거운 원소는 핵융합과는 다른 더 복잡한 반응을 통해 만들어지지만, 어쨌든 별의 생명과 진화, 죽음과 관련되기는 마찬가지다.

핵융합 반응은 대량의 에너지를 생산할 수 있지만, 일단 그 과정이 시작되려면 매우 특별한 조건이 갖추어져야 한다. 예를 들어, 위에서 언급한 헬륨의 합성을 생각해보자. 융합하는 양성자들은 같은 전하를 갖게 되고, 이 양성자들의 거리가 가까워지면 서로를 밀어낸다. 그런데 융합 반응을 일으키는 핵의 힘이 작용해야 하므로 입자들은 아주 짧은 간격으로만 떨어져 있어야 한다. 요약하면, 두 양성자가 '접착'이 되려면 이 양성자들은 장벽 하나를 극복할 수 있을 때까지 서로를 밀어야 한다. 그리고 그렇게 되려면 온도와 밀도가 매우 높아야 하는데, 현재 우주에서는 별의 내부에서만 그런 상태에 도달할 수 있다.

그런데, 아주 오래전 우주 전체가 별의 핵처럼 밀도가 높고 뜨거웠다면 어떤 일이 일어났을까?

이쯤에서 가모프와 앨퍼, 허먼을 다시 떠올려보자. 이 세 물리학자는 초반에는 아주 뜨거웠다가 우주의 팽창 때문에 점점 더 차가워지고 희석된, 양성자와 중성자가 섞인 일종의 원시 수프 같은 것에서 어떤 원소가 생성되는지 답을 구했다. 나중에 다른 수많은 학자들이 이들의 계산을 재검토하고 개선해, 탄생 초기 단계의 우주에서 발생한 핵융합 반응으로 현존하는 모든 양성자와 중성자 질량의 25퍼센트가량을 차지할 만큼의 헬륨 핵이 생성되었을 것이라는 결론을 내렸다.

대체적으로 이러한 예측은 원시 우주에 존재하던 양성자와 중성자의 수에만 국한된다. 초창기에는 입자 하나가 충분한 에너지를 갖고 있으면 다른 입자로 변형될 수 있으므로 우주가 실질적으로 같은 수의 양성자와 중성자를 보유하고 있었을 것이다. 그러나 우주가 냉각되면서 불균형한 상태가 된 것이다. 중성자가 양성자보다 질량이 조금 더 크기 때문에(그래서 유명한 공식 $E=mc^2$에 따라 중성자가 생성되려면 더 많은 에너지가 필요하다), 시간이 흐르면서 양성자의 수가 점차 증가해 중성자의 수는 줄어들었다.

팽창이 시작되고 몇 분 지나지 않아, 융합 반응은 중성자와 양성자로 형성된 중수소 핵을 결합하기 시작했다. 그 후 곧바로 중수소는 사용 가능한 모든 중성자를 동원해 거의 다 헬륨으로 전환되었다. 이러한 전환이 일어날 때, 우주에는 양성자 일곱 개당 대략 한 개의 중성자가 있었다. 그러니까 수소 핵 (양성자 1개) 열두 개당 헬륨 핵 (양성자 2개와 중성자 2개) 하나가 구성될 수 있었다는 것을 쉽게 알 수 있다. 헬륨 하나의 질량이 수소 핵의 약 네 배 정도이므로, 이 시점에 우주에 있는 핵들의 질량 중 약 3/4은 수소 핵으로 구성되고, 약 1/4은 (정확히 25%) 헬륨 핵으로 이루어져 있었다는 것을 의미한다. 그리고 아주 약간의 중수소 잔여물의 흔적과 그보다 더 소량의 아주 가벼운 핵들도 있었다. 그 시점에 이르자, 더 무거운 다른 핵이 생산되지 않은 채 융합 반응이 중단됐다.

이 예측이 의미하는 바는 상당히 중요한 것이다. 헬륨은 매우 안정적인 원소다. 일단 만들어지면 쉽게 파괴되지 않는다. 우주가 실제로 초기에 뜨겁고 조밀한 단계를 거쳤다는 가정하에 지금의 우주에서 관측되는 풍부한 헬륨의 양은 원시 우주의 원소비와 밀접하게 관련되어 있을 것이다. 실제로 헬륨 원자의 질량이 현재 전체 우주의 약 25퍼센트 비중을 차지하는 것이 정확히 관측된다. 이 예측은 우주가 탄생하고 난 직후 몇 분 동안 일어난 일의 자세한 내용과는 그다지 큰 관련이 없고, 당시의 온도와 밀도가 헬륨 핵의 융합을 일으킬 정도로 높았다는 것과 융합이 일어났을 때 중성자와 양성자의 비율에 의해서만 영향을 받으므로, 현재의 관측 내용과 일치하는지가 매우 중요하다. 다른 어떤 값도 사실상 원시 우주의 고온 단계를 설명할 수 없다. 반대로, 헬륨이 별 안에서만 만들어졌다면 관측된 데이터는 설명이 안 될 것이다. 이 경우, 우주에는 헬륨의 양이 실제보다 훨씬 적어야 한다.

이러한 그림을 완성하려면, 우리에게 별로 친숙하지도 않고 헬륨에 비해 안정적이지도 않으며, 아주 쉽게, 예를 들어 별 내부에서 일어나는 반응 중에서 파괴되는 중수소도 다뤄야 한다. 뜨거운 원시 단계를 거친 적이 없는 우주라면 (또한, 원래부터 존재했던 우주) 중수소는 발견이 거의 불가능하거나, 자연에서 관측되는 것보다 훨씬 더 희귀해야 한다.

현재 우주에 존재하는 가벼운 원소의 양이 풍부하다는 사실은 고밀도와 고온의 원시 우주 상태 외에 다른 방법으로 설명이 불가능하다. 그러나 20세기 중반까지도 굉장히 혼란스러운 상황이었다. 우주에 기원이 있을 수 있다는 생각에 엄청난 반발이 있었고, 사실상 어느 한때는 관측된 우주 팽창과 변하지 않는 우주에 대한 생각을 조화시키면서 점잖은 방법으로 반발 세력의 공격에서 벗어날 방법이 있을 것처럼 보이기도 했다.

1948년, 프레드 호일(Fred Hoyle, 1915~2001, 영국의 천문학자이자 물리학자)과 토마스 골드(Thomas Gold, 1920~2004, 오스트리아 태생의 우주물리학자), 허먼 본디(Hermann Bondi, 1919~2005, 영국의 수학자이자 우주론 학자), 이 세 물리학자는 프리드만과 르메트르의 우주 모형에서처럼 우주에서의 간격이 증가하는 팽창이 진행되지만, 동시에 물질도 끊임없이 생성될 수 있다는 모형을 제시했다. 이 모형에서는 우주의 평균 밀도가 절대 변하지 않는다. 호일과 골드, 본디의 '정적인 우주 모형'은 아주 매력적이었다. 허블-르메트르의 법칙에서 제시된 팽창에는 동조하지만, 기원에 관한 문제는 교묘히 피해나갔기 때문이다. 이들이 말하는 우주는 원래부터 존재했고, 그 모습도 항상 지금 우리가 보는 것과 비슷한 형태였다. 아인슈타인도 직접 추구했던 완전한 우주론 원리, 즉 공간과 시간 속 관찰자의 위치와 전혀 무관하다는 원리를 구현한 것이다. 이 모형을 설명하기 위해 치러야 할 대가는 그다지 많지 않아 보였다. 물질의 지속적인 생성이 10억 년, 혹은 그 이하의 기간마다 $1m^3$당 고작 하나의 원자로 한정되어 있었다. 실질적으로는 관측 불가능한 수준이다.

호일은 이 미세하고 연속적인 물질의 생산이 갑작스러운 폭발로 무(無)에서 전체 우주가 출현한 것보다 우선되어야 한다는 개념을 강력하게 개진했다. 이 폭발을 호일이 한 라디오 방송에서 처음으로 '빅뱅'이라 부른 바 있다(앞으로 살펴볼 것이지만, 이는 부적절한 정의였다).[17] 정적 우주 모형은 꽤 여러 해 동안 절대다수의 천체물리학자들, 적어도 빅뱅에 동의하지 않는 학자들의 지지를 받았다. 하지만 개인적인 호불호는 과학과는 극히 관련이 없다. 결국, 이 문제는 정적 우주론과 빅뱅 모형, 이 두 가지 모형 모두 구체적인 예측을 제시하지 못하거나 둘 중 하나를 선택할 수밖에 없는 증거가 나오지 않았다면 단지 철학적인 문제로 남았을 것이다.

6

열

Calore

이제 우리는 천체물리학계가 빅뱅 모형 쪽으로 기울게 된 결정적 증거를 살펴볼 때가 되었다. 이 증거는 과학사의 중대한 이정표 중 하나이며, 개인적으로 지난 20년간 내 주요 관심사 중 하나여서 애정 깊게 여기는 분야다.

이 증거가 무엇인지 알아보려면 팽창하는 우주의 초기 단계를 다시 한번 살펴봐야 한다. 앞에서 말한 것처럼, 과거에는 모든 물질이 아주 높은 밀도와 고온 상태에서 아주 소규모로 압축되어 있었다고 가정해야 한다. 이 상태에서는 물질과 빛의 기본적인 입자만 존재하는데(또는, 입자로 설명할 수 있는 전자기 복사인 광자만 존재), 이러한 종류의 기체는 같은 온도를 가지면서 모든 공간에 균질하게 존재한다.

시간이 지나면 어떻게 될까? 우주는 팽창하고, 밀도와 온도는 감소하며, 물질은 서서히 점점 더 복잡한 구조로 병합되기 시작할 것이다. 앞에서 본 것처럼, 가상의 팽창이 시작되고 단 몇 분 후, 양성자와 중성자가 결합해 매우 가벼운 원자의 핵을 형성한다. 하지만 이때까지는 진정한 원자는 없다. 원자가 형성되려면 전자가 핵 주위에 안정적으로 자리 잡아야 하는데, 이런 일은 이후에 온도가 더 내려갔을 때만 이루어질 수 있다. 이론상 계산으로는 팽창이 시작된 이래 대략 38만 년이 지난 후에 전자와 양성자 짝이 결합해 수소 원자를 형성했을 때 발생했을 것이다. 이 시기 우주 온도는 수천 도에 이르렀을 것이다.

천체물리학자들이 '재결합(再結合, Recombination)'이라 부르는 이 순간은 우주의 역사에서 매우 중요한 전환점 중 하나다. 이 재결합이 이루어지기 전 우주에는 전하를 띠는 자유 입자들, 즉 전자와 (음전하 소유) 원자핵이 (양전하 소유) 있었다. 물리학자들은 이러한 상태를 '플라스마(Plasma)'라고 부르는데, 우리에게 아주 익숙한 고체에서 액체, 기체 다음의 물질 상태다. 플라스마는 기본적으로 중성 입자가 아닌 전하 입자로 구성된 기체다. 이 차이는 아주 중요하다. 그 이유는 태양과 같은 별을 생각해보면 이해하는 데 도움이 된다.

별은 거대한 구형 플라스마다. 고체 표면은 없지만 그렇다고 내부를 들여다볼 수는 없다. 왜 그럴까? 이유는 플라스마 상태의 광자들이 자신들의 경로에서 벗어나, 전하 입자를 통해 계속 상호작용을 하기 때문이다. 우리 눈에 비추어진 별은 '광구(光球, Photosphere)'라고 하는 표면으로, 이곳의 광자는 대부분 충돌 없이 표면을 벗어날 수 있다. 반면, 광구 아래에서는 광자가 지그재그 형태의 경로를 따라 이동해야 한다. 한 가지 참고할 점은, 태양의 중심에서 출발한 광자는 태양 표면에 도착할 때까지 수만 년이 걸리지만, 빈 공간에서 이동할 경우 2초 정도면 가능하다.

재결합 전의 우주는 별 내부와 비슷한 열기로 가득한 안개였다. 그리고 별의 광구 내부처럼 불투명해서 빛이 쉽게 통과할 수 없었다. 아주 한참이 지나 전자와 양성자가 중성수소 원자를 형성하자, 우주는 투명해지고 광자들이 자유롭게 퍼져나갈 수 있게 되었다. 그렇다면 이 광자들은 어디로 갔을까?

글쎄, 광자들에게는 선택의 여지가 없었을 것이다. 광자들은 빈 공간 속에서, 이제 더는 물질과의 수많은 상호작용 없이 이동 가능한 모든 방향을 향해 직선으로 이동하기 시작했다. 이 말은 곧 우주의 모든 지점에서 어느 순간에든 우주의 다른 지점에서 날아온 광자가 있으며, 재결합의 시기 이후 수십억 년 동안 이동했다는 것을 의미한다. 바로 지금, 방대한 수의 광자가 여러분이 있는 곳에 도착하고 있다. 그리고 지금, 조금 더 오랜 시간 여행을 한 광자와 조금 더 먼 지점에서 출발한 광자도 오고 있다. 물론 또 다른 광자들도 계속해서 도착할 것이다. 여러분은 우주의 기원에서 출발한 광자의 빗줄기들에 온전히 휘감겨 있다. 여러분이 하늘의 어느 방향을 바라보든 별의 광구와 비슷한 무엇인가가 보일 것이다. 그것은 다름 아닌 원시 플라스마의 빛이다.

그런데 사실 실제로는 전혀 볼 수 없다. 이유가 뭘까? 이유는 간단하다. 아주 긴 여행을 하는 동안 광자가 주파수를 변경했기 때문이다. 우주의 팽창은 사실상 원시 빛의 파장을 포함해 모든 거리를 팽창시켰다. 재결합의 순간 눈부신 광채를 뿜던 빛이 시간이 지나면서 휴대전화에 사용되는 것과 유사한 전자파로 변형된 것이다. 즉, 안테나로는 포착할 수 있지만 사람의 눈에는 보이지 않는 마이크로파 대역의 약한 신호 전자파다.

다른 방법으로 볼 수도 있다. 재결합 시점 모든 우주 공간의 온도는 어느 지점에서나 약 3,000도였다. 이후 우주의 팽창으로 온도가 떨어지고(부피가 커지면 커질수록 차가워지는 기체를 다시 한번 생각해보자), 현재는 절대온도(Kelvin) 0도(0K)보다 조금 더 높은 수준이다. 정확히 설명하자면, 절대영도보다 약 2.7도, 혹은 2.7K 정도 높다.* 우주 공간의 모든 지점에는 여전히 우주 초기 단계 상태를 간직한 거대한 열기가 조금 남아 있다. 비유하자면, 뜨거운 열과 빛을 내다가 식은 후에도 여전히 잔열이 감도는 오븐 안을 생각하면 된다. 약하게 남은 잔열은 정확히 미약한 전자기 복사(Radiation)로 나타나는데, 이는 어느 한 곳이 아닌 우주 자체에서 날아온 것이다. 아니, 과거에서 왔다고 하는 게 이해하기 쉽다. 천체물리학자들의 전문용어를 빌려 쓰면 '우주배경복사'가 바로 그것이다.

지금의 우주에 초기 단계의 흔적이 아직 남아 있을 수 있다는 생각은 르메트르가 1931년에 쓴 문장 "우주의 진화는 마지막 불꽃과 연기, 재 등 최후에 도달한 불꽃놀이 공연과 같다. 이제는 꺼진 불씨 속에서 살고 있는 우리는 태양이 저무는 것을 보고, 이 세상 기원의 사라진 광채를 불러볼 수밖에 없다"[18]에서 미리 예견되었다. 사실 르메트르의 예

* 절대영도(0K)는 이론상 도달할 수 있는 가장 낮은 온도인 -273.15°C를 일컫는다. 절대온도는 켈빈의 단위를 갖는데, 절대온도 0도에서부터 온도를 계산하므로 항상 양수값을 갖는다. 한 눈금에서 다른 눈금까지의 간격은 섭씨 눈금과 같다.

측은 그다지 엄격한 과학적 방법이 아니었고, 대부분 문학적인 수사로 표현된 직관에 지나지 않았다. 반면, 가모프와 그의 동료들은 가벼운 원소들의 원시적인 생성에 관한 연구를 진행하던 중 정량적인 결론을 얻었다. 오늘날 우주 빈 공간의 평균 온도가 절대영도보다 몇 도 정도 높은 수준일 것이라는 계산이 나온 것이다.

믿기 힘들지만, 이후 거의 20년 동안 아무도 이 가설을 다시 검증하려 하지 않았다. 우주배경복사의 존재에 관해 처음으로 실험적 증거가 나온 것도 순전히 우연이었는데, 1964년부터 1965년까지 미국의 젊은 두 전파천문학자 아노 펜지어스(Arno Penzias, 1933~)와 로버트 윌슨(Robert Wilson, 1936~)은 뉴저지의 홈델에 위치한 벨(Bell) 연구소 소유의 안테나를 조절하던 중 원시 신호를 포착했다. 천체의 어느 근원에서 온 것도 아니고 안테나의 방향에 의해 영향을 받지도 않아서, 처음에는 혼선이나 기기의 오작동 때문일 것으로 생각했다. 하지만 이미 가모프의 계산 결과를 재확인하고, 배경복사를 포착하기 위한 실험을 계획하고 있던 인근 프린스턴 대학의 우주론 연구자 단체가 펜지어스와 윌슨이 이상한 신호를 포착했다는 소식을 듣고 찾아와 이들이 발견한 것이 무엇인지 설명해주었다. 펜지어스와 윌슨은 물리학 역사상 가장 중요한 발견 중 하나인, 과거 우주가 뜨겁고 밀도가 높았다는 사실을 직접적으로 증명한 공로를 인정받아 1978년에 노벨상을 받았다. 우리를 우주의 먼 과거와 연결하는 다리 역할을 해준 이 신호의 발견은 원시 우주와 이후 우주의 진화에 대한 더 심층적인 조사의 서막을 열어주었다.

노벨상 수상 직후, 펜지어스는 자신의 발견에 관해 이렇게 이야기했다. "여러분이 오늘 밤에 밖에 나가서 모자를 벗으면, 여러분의 머리 바로 위에서 빅뱅의 열기를 조금 느낄 수 있을 겁니다. 그다음에 아주 성능 좋은 FM 라디오를 켜보면, 한 방송과 다른 방송 사이에서 찌지직거리는 소리가 들릴 거예요. 분명 이전에도 몇 번 들어본 적 있는 이 소리는 거의 평온하고 때로는 파도 소리와 크게 다르지 않죠. (…) 여러분이 듣고 있는 소리 중 약 0.5퍼센트는 수십억 년 전의 소리입니다."[19)]

어릴 적, 우리 시대의 도구들로 원시의 불꽃을 관측할 수 있다는 것을 알고 말 그대로 아연실색했던 기억이 난다. 여러 해가 지난 후, 과학자가 된 나는 운 좋게 유년 시절 감탄의 대상을 연구 주제로 삼을 기회를 얻었는데, 예전의 그 감동이 전혀 줄어들지 않았다. 지금도 우주의 기원에서 날아온 광자의 바다에 계속 잠겨 있다는 생각을 하면 놀라움을 감출 수 없다.

정상 우주 모형과 상반되는 빅뱅 모형은 우주배경복사의 발견이라는 사건을 통해 궁극적으로 인정받았다. 프레드 호일과 그의 동료들이 관측 결과에 정상 우주 모형을 조화시키려고 이론적 수정을 부단히 시도했는데도 말이다. 로버트 윌슨 자신조차도 처음에는 정상 우주 모형의 지지자였다는 것을 생각하면 더 큰 의미가 있다.[20] 이 말은 곧 과학자에게 중요한 것은 우리가 보고 싶은 세상이 아니라, 있는 그대로의 세상이라는 점을 다시 한번 증명하고 있다. 과학자뿐 아니라 우리 모두가 그래야 한다.

7

초석

Capisaldi

여기서 잠시 앞에 살펴본 것들을 정리해보자. 중력과 시공간에 관한 최고의 이론인 일반상대성이론은 우주의 전체적인 움직임을 설명하는 데 사용될 수 있고, 우주론 원리가 유효하다고 가정할 경우 (즉, 거대한 우주가 균질하고 등방하다고 가정하면) 정적인 또는 동적인 우주 모형 모두 구축할 수 있다. 아인슈타인이 초기에 지지했던 정적 우주 모형은 이론적 관점에서 어려움(안정적이지 못하고 붕괴할 수밖에 없는 딜레마)뿐 아니라, 무엇보다 관측 증거와 일치하지 않았다. 은하들은 실제로 상대적인 속도와 거리를 연결하는 정확한 수학적 관계(허블-르메트르의 법칙)에 따라 서로 멀어진다. 이 관계는 일반상대성이론에서 예측한 동적인 우주 모형과 완벽하게 일치한다.

즉, 우주가 팽창하고 있는 것이다. 사실 여기까지는 평균적으로 항상 본연의 상태를 유지한다는 정적인 우주 모형과 조화될 수 있다. 그러나 정적인 우주 모형은 (팽창으로 인한 밀도의 감소분을 보충하기 위해 지속적으로 물질을 생성해야 하며) 헬륨 함량이 높게 관측되는 이유와 특히 우주배경복사의 존재를 설명하지 못한다. 이 두 증거는 과거 우주가 뜨겁고 밀도가 높은 상태였다고 추정할 수 있도록 한다. 그리고 지금까지 언급하지 않았지만, 여기에 우주의 물리적 진화를 직접적으로 보여주는 추가적인 증거가 있다. 우주에서 아주 멀리 떨어져 있는 은하들은 종류와 개수 면에서 가까운 은하들과 아주 다르게 보인다는 점이다. 이는 아주 먼 지역에서 오는 빛이 이곳으로 오는 데까지 시간이 더 많이 소요되기 때문이다.

간단히 말하면, 의심의 여지가 없다. 현존하는 최고의 우주 모형은 우주가 시간이 흐르면서 변화했음을 확실히 설명해내고 있다. 통상적으로 빅뱅 이론이라고 부르는 바로 그 모형이다. 어떤 증거도 이 모형을 완벽하게 증명하지는 못했지만, 최소한 우리가 가진 관측의 증거들은 이 모형이 예측한 내용과 완벽하게 부합한다. 지금의 증거들을 해석할 수 있는 더 나은 다른 방법이 나올지 모르지만, 아직은 그 방법을 누구도 찾아내지 못했다. 은하들의 움직임이나 가벼운 원소의 함량, 우주배경복사의 존재 등은 우리가 우주를 파악하는 데 기초가 되는 기둥 역할을 한다. 이러한 것들은, 이제는 사실상 진지한 학자라면 그 누구도 이의를 제기하지 않는, 엄청난 양의 측정값으로 확인되고 일정한 상수로 취급된다. 그리고 지금까지 설명한 전체적인 그림에 놀라운 반전이 일어날 가능성은 아주 희박하다.

우주의 팽창은 우리가 원하든 그렇지 않든 마주해야 할 현실의 근원적인 사실이다. 따라서 이를 근거로 종종 혼란을 일으키는 측면들을 설명해보고자 한다. 어떤 것들이 있는지 살펴보자.

우주 내부에서 무언가가 팽창하는 걸까? 우주에는 '내부'라는 것이 존재하지 않는다. 우주는 존재하는 전부다. 간단히 말해, 우주 속 두 지점 간의 거리가 시간이 흐름에 따라 멀어지는 것뿐이다. 사람들이 이러한 질문을 많이 하는 이유는, 새로운 공간을 차지하는 폭발의 파편처럼 밖으로 튀어나온 은하의 이미지로 인해 팽창에 관한 잘못된 생각을 가졌기 때문이다. 이러한 잘못된 이미지는 프리드만-르메트르 모형을 대중적인 명칭으로 '빅뱅'이라 부르기로 한 불운한 선택에서 비롯되었을 수 있다. 이 문제는 바로 다음에 언급할 논란과 직접적으로 연결된다.

우주의 팽창은 폭발과 아무런 관련이 없다. 오히려 공간 좌표계의 팽창이다. 더 간단히 설명하자면, 모눈종이 같은 규칙적인 격자무늬를 머릿속에 떠올리고, 이 격자무늬가 고무판 위에 그려져 있다고 생각해보자. 그다음에는 이 고무판을 균일하게 늘여 펼쳐보면, 격자무늬만 커진다. 바로 이것이다. 고무판에 자갈을 몇 개 붙였다면, 격자무늬 위에서 이 자갈들의 위치는 바뀌지 않지만 서로 간에 간격은 벌어진다. 자갈들은 고무판에 고정되어 그대로 있고, 고무만 팽창한다. 물론, 우주는 2차원이 아닌 3차원인 데다가 가장자리도 없고, 우주 바깥에 아무것도 없으므로 이런 논리를 적용하는 데는 한계가 있다. 따라서 우리는 3차원의 공간이 시간이 흐르면서 무한정으로 팽창한다고 상상만 해야 한다. 은하는 폭발의 파편처럼 흩어지는 것이 아니라, 공간의 팽창으로 이끌려가고 있다.

팽창의 중심이란 것은 존재하지 않는다. 조금 전 우리가 말한 것은 은하가 벗어나는 지점을 생각할 필요가 없다는 것을 의미하기도 한다. 팽창은 우주론의 원칙에 따라 어디서든 같은 방식으로 이루어진다. 공간의 모든 지점이 완벽하게 동등하다. 우주의 어느 한 지점에서 주위를 둘러보면 정확히 같은 장면, 즉 은하들이 떨어져 있는 거리와 비례하는 속도로 멀어지는 모습이 보일 것이다.

빛보다 빠른 속도로 우리에게서 멀어지는 은하가 존재할 것이다. 실제로 존재하고, 이것이 딱히 문제 될 것이 전혀 없다. 이 현상을 우리가 관측할 수 있는 유일한 방법은 은하가 우주 공간에서 빛보다 빠르게 움직이지 않아야 한다. 그러나 멀리 있는 점이 빛보다 빠른 속도로 벗어나도록 팽창하는 것은 우주 공간 자체이므로 우리는 볼 수 없다. 아인슈타인의 상대성이론에는 의심의 여지가 없다. 우리의 물리학은 생각보다 탄탄하다.

우주가 팽창하면 우리도 팽창되어야 하지 않을까? 팽창은 공간에만 해당되고, 사물과는 관련이 없다. 어떤 유형의 결합으로 인해(중력이나 화학, 전기, 핵 등) 함께 유지되는 물리적 시스템이 있다면, 이 시스템은 팽창의 영향을 받지 않는다. 개별 은하가 팽창하지 않는 것처럼, 태양계나 우리의 몸도 팽창하지 않는다.

적색 이동 현상이 나타나지 않는 은하도 있다. 당연하다. 그 이유는 바로 앞에서 이야기한 내용과 연결되어 있다. 한 은하가 그 중력의 영향을 느낄 정도로 아주 가까이에 있다면, 이 은하는 일반적인 우주 팽창의 영향을 받지 않는다. (혹은 부분적으로만 영향을 받는다). 예를 들어, 우리와 가장 가까운 나선형 은하인 안드로메다 M31은 우리 방향으로 이동하고 있고, 아주 먼 미래에는 우리 은하와 합쳐질 것이다. M31의 빛은 붉은색이 아니라 푸른색 쪽으로 이동하는 것이 보이는데, 일반적으로 은하는 팽창하는 좌표의 격자무늬의 영향을 받아 완벽히 정적인 상태를 유지할 수 없다. 팽창의 법칙에서 벗어나는 이탈을 만드는 국부적 상호작용이 존재하기 때문인데(우주론 연구자들은 이것을 '특이운동Peculiar motion'이라고 부른다), 이것도 우주가 대규모로 팽창한다는 것에 모순되지 않는다.

이제 또 다른 중요한 혼란의 근원으로 그 이름만으로도 우주의 작동을 가장 효율적으로 설명하는 '빅뱅'에 관해 살펴보자. 앞에서도 봤지만, 폭발을 떠오르게 하는 오해의 소지가 있는 명칭인데, 이는 우주의 팽창과는 완전히 다른 현상이다. 그런데 이 불길한 어휘 선택 이상으로 문제가 있다. 가장 심각한 문제는 어떤 모형이나 사건에 관해 같은 용어를 사용하는 데서 발생한다. 매우 다른 내용인데도 말이다.

빅뱅 우주 모형은 지금까지 우리가 살펴본 초창기의 고열 단계부터 팽창 중인 우주를 설명한다. 이렇게 같은 말을 되풀이하는 것은 이 모형이 아주 먼 과거부터 (얼마나 먼 과거인지는 잠시 후에 이야기할 것이다) 현재까지 진행된 우주의 진화를 설명하고, 논란의 여지가 없는 증거들이 강력하게 뒷받침되고 있는 개념 체계라는 것을 강조하기 위해서다. 들 수 있는 모든 한계를 내세워도 이 모형은 아주 잘 맞아떨어지고, 현재까지 더 신뢰할 수 있는 다른 대안은 없다.

그런데 사건으로서의 빅뱅은 완전히 다른 것이라서 따옴표를 사용해 구분할 필요가 있다. 간단히 말해, 프리드만-르메트르 모형을 사용해 극 초기 우주를 설명하면 영원히 돌이킬 수 없는 문제에 다다른다. 우주 내의 두 지점 간의 거리가 0이 되는 정확한 순간에 멈춰야 한다. 바로 그 순간, 이때도 마찬가지로 프리드만-르메트르 모형에 따라, 우주의 밀도와 온도는 무한했을 것이다. 이러한 상황을 물리학자들은 '특이점(Singularity)'이라 부르는데, 공간과 시간에 대한 일반상대성이론의 개념이 모든 의미를 상실하는 문제적 조건에 노출된다.

따라서 '빅뱅'은 초창기의 특이점을 지닌 사건이라고 할 수 있다. '빅뱅'이 있었다면, 우주의 나이는 유한할 것이다. 또 과거의 어느 정확한 시점에 모든 것이 시작되었을 것이다. 내가 모든 것이라고 말한 것은 물질뿐 아니라 공간과 시간을 포함한 정말 이 세상 모든 것을 의미한다. 이런 유형의 사건은 우리가 일반적으로 물리적인 현상을 설명할 때 사용하는 프레임 내에서 그 어떤 이론도 설명 불가능하다. 이 문제와 세상이 어떻게 이렇게 점점 더 복잡해질 수 있었는지에 관해서는 나중에 다시 이야기할 것이다. 지금은 초창기의 특이점인 '빅뱅'이 있었다는 증거가 무엇이 있는지에 관한 질문을 다룰 것이다. 그런데 이 질문에 대한 답을 먼저 말하자면, 전혀 없다.

현재 우리가 말할 수 있는 것은, 따옴표 없는 빅뱅이 있었고 온 우주가 극단적으로 뜨겁고 밀도가 높아 공간이 팽창되었고, 이 팽창은 지금도 계속되고 있다는 것뿐이다. 어쩌면 아주 평범하지만, 그렇다고 중요하지 않다고 말할 수도 없는 일이다. 이 단계는 과거의 어느 한 시대에, 우리가 할 수 있는 최대의 추정으로 볼 때 약 138억 년 전에 발생했다. 하지만 공간과 시간에 시작이 있었는지에 관해서는 아직 모른다. 그런데도 편의상 가상의 특이점을 시간을 카운트하기 시작한 순간으로 보고 "'빅뱅' 후 3분"이라고 하는 경우가 많다. 하지만 그것은 외삽법(外插法, Extrapolation)*일 뿐, 그 이상은 아니다. 우리가 무엇을 하는지를 알 수 있다면 과거로 돌아가볼 필요가 있다.

내가 언급한 혼란이 위험한 이유가 바로 이 점이다. 우

---

* 원래의 관찰 범위를 넘어서서 다른 변수와의 관계에 기초해 변수의 값을 추정하는 과정.

리에게는 아주 잘 들어맞는 물리학적 우주 모형이 있고 그에 관한 구체적인 증거도 갖추고 있지만, 그 모형은 미스터리하고 개념적으로 문제가 있는 데다 그 어떤 증거도 없고, 아직 문제를 해결할 물리학적 수단도 없는 이름과 결부시켜 놓았다. 이것은 지도를 실제 영토와 혼동하는 것과 같은 위험성의 대표적인 예라고 할 수 있다. 앞으로 보게 되겠지만, 이것만 위험한 것이 아니다.

II부 그림자 선

La linea d'ombra

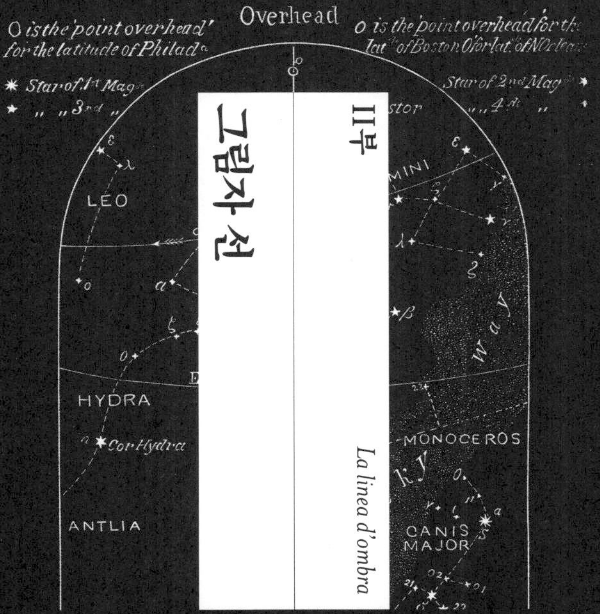

모든 모형은 틀렸지만, 몇 가지는 쓸만하다.

—

조지 박스(George E. P. Box, 1919~2013),

《과학적 모형 구축 전략의 견고성(*Robustness in the strategy of scientific model building*)》

8

모형

Modelli

지금까지 공간이 팽창하고, 온도와 밀도는 감소하며, 물질의 상태가 변화한다는 우주에 관한 현대적 이해의 초석을 살펴보았다. 앞서 내가 말한 것처럼, 이 초석은 우리가 확립되었다고 믿고, 새로운 모든 관찰을 해석할 수 있는 기준이라고 여길 수 있을 정도로 신뢰도가 높은 일반적인 틀이다. 다윈의 진화론이 생물학적 현상을 설명하는 틀을 만들어낸 것처럼, 우주에서 일어나는 모든 현상을 통합하고 이해하는 데 필요한 시나리오다. 또한, 진화론에서처럼 빅뱅 모형의 기본적인 요소들은 앞으로 나올 우주에 관한 설명에 필수적인 뼈대로 여겨질 수 있을 정도로 견고하다.

그렇다고 이러한 요소들이 우주에 관해 알아야 할 전부라는 것을 의미하는 건 아니다. 오히려 그것과는 거리가 멀다. 한 세기 전 아인슈타인의 첫 시도에서 시작해 허블과 프리드만, 르메트르, 가모프를 지나 펜지어스와 윌슨의 발견으로 정점을 찍어 사실상 우리가 고전이라고 정의할 수 있는 빅뱅 모형은 우주의 실질적인 측면 중 몇 가지를 설명하기에는 여전히 너무도 단순하다. 굵고 진한 선으로 윤곽을 그렸지만, 해상도가 너무 떨어지는 지도나 다름없다.

나는 이미 잘 발견되어 친숙한 영역부터 시작해, 아주 불확실한 세부적인 영역으로 이동해 탐험할 것이다. 주요 도로는 내버려두고 최근에야 발을 디딘 샛길로 모험을 떠날 것이다. 우리의 지도는 여전히 불완전하고 전혀 믿을 수 없어서 안정감이 덜할 수도 있다. 하지만 이 지도도 어느 정도는 쓸만하다.

하지만 출발하기에 앞서 우리가 사물을 파악하기 위해 사용하는 이론에 관한 이야기를 다시 한번 하고, 지도가 다른 지도보다 나은 것인지 결정할 방법을 살펴볼 것이다.

우리는 이 세계에 관한 생각을 어떻게 만들까? 무의식적이든 아니든 논리적 추론과 관찰을 조합하게 되는데, 말로는 참 간단하다. 그렇다면 실질적으로 이 조합에는 어떤 것들이 포함될까? 또 우리가 만든 생각이 현실을 충실하게 반영하고 있는지 어떻게 알 수 있을까?

일단 어떤 유형의 추론이 가능한지부터 살펴보자. 첫 번째 유형은 연역적 추론이다. 하나 이상의 전제로 출발해 논리 규칙을 사용해 결론에 도달하는 것이 연역법이다. 전제가 참이고 규칙이 올바르게 사용되면 결론은 당연히 진실이 된다. 연역법의 전형적인 예는 '모든 인간은 죽는다, 소크라테스는 인간이다, 따라서 소크라테스는 죽는다'와 같은 삼단논법이다.

연역적 추론은 수학의 초석으로, 잘 사용하면 곧바로 명백하게 드러나지는 않더라도 논리적인 진실을 얻을 수 있다. 하지만 연역법은 사실상 이미 전제 안에 들어 있지 않은 것에 관해서는 전혀 알 수가 없다. 그리고 그 전제가 거짓이면 결론도 마찬가지로 거짓이 된다. 그래서 진실임이 명백한 전제로 출발해야 한다는 것이 문제다. 연역적 추론이 물리학 이론과 모형 개발에서 이론과 모형의 내부적 일관성을 보장하는 등에 사용되는 것은 분명하지만, 올바른 연역법이 실제의 세상과 정말 어떤 관계가 있다는 것을 의미하는 것은 아니다. 논리 속의 세상은 명제가 참이거나 거짓만 될 수 있는 흑백의 세상이다. 중간은 없다. 하지만 실제 세상은, 불행인지 다행인지 모르겠지만, 완전한 확신을 누리는 사치를 우리에게 허용하지 않는다. 세상이 어떻게 돌아가는지 알려면 의자에 앉아 골똘히 생각만 해서는 안 된다. 밖으로 나가 주위를 살펴봐야 한다.

관찰을 바탕으로 하는 과학의 조사 방식과 더 가까운 것은 귀납적 추론이다. 귀납적 추론은 경험적인 전제 몇 가지로 출발해, 확실하지는 않지만 어느 정도 가능성이 있는 결론에 도달한다. 귀납적 추론의 기본적인 예를 들자면, '이제까지 관찰된 모든 백조가 흰색이므로, 현존하는 모든 백조는 흰색이다'로 이끌어 가는 것이다. 물론 실제로 정말 그렇다는 보장은 전혀 없다.

직관적으로, 이러한 방식으로 도달한 몇 가지 결론이 다른 결론보다 우월하다는 느낌은 받을 수 있다. 예를 들어, 엄청나게 다양한 조건에서 수많은 관찰을 했다면, 여기서 비롯된 일반화는 당연히 소수의 특별한 경우에서 나온 일반화보다 훨씬 견고할 것이다. 하지만 이러한 직관을 어떻게 더 신뢰가 가게 만들 수 있을까? 사실 귀납적 추론은 문제가 너무 많아 과학 철학자 사이에 많은 논쟁이 일지만, 여기서는 그 논쟁에 관해서는 다루지 않을 것이다. 우리로서는 귀납법으로 도달한 결론이 옳을 가능성이 크다는 것을 아는 것만으로도 충분하다.

다행히 상당히 잘 작동하는 것처럼 보이고, 지난 몇 년간 과학의 작동 방식을 이해하고 소개하는 데 점점 더 많이 사용되고 있는 방법이 한 가지 있다. 이 방식은 18세기 영국의 무명 성직자 토머스 베이즈(Thomas Bayes, 1702~1761)의 통계학 연구를 비롯해, 특히 그의 이름을 딴 기본 정리(베이즈 정리Bayes' theorem)와 관련이 있다. 여기서는 이 이론의 세부적인 내용에는 관심을 두지 않을 테지만, 과학 지식의 핵심적인 문제를 다룰 때 이 이론을 적용할 수 있다는 점을 알고 넘어가는 것이 좋다. 이 방법은 한 가설이 불가피하게 항상 불완전한 증거를 배경으로 성립할 수 있다는 가능성을 평가하는 것이다. 궁극적으로 이 이론은 '우리가 안다고 생각하는 것을 얼마나 잘 알고 있는지'에 관한 정확한 답을 줄 수 있다.

베이즈의 연구 결과에 비추어 볼 때, 우리가 현실에 관해 형성한 모든 생각은 확실성이 아니라 우리가 상당한 가능성을 부여한 믿음이라고 볼 수 있다. '내일 태양이 뜰 것이다'와 같은 생각 등의 일부 믿음은 가능성이 거의 100퍼센트에 가깝다. 하지만 어떤 것들은 매우 불확실하고 진실일 가능성이 떨어진다. 베이즈의 접근법이 가진 강점은 새로운 정보나 증거를 확보한 후에 우리의 믿음을 갱신하는 절차를 반영한다는 것이다. 다시 말해, 선험적 믿음으로 출발해 세상을 관찰하는 것이다. 베이즈의 이론은 사후에, 즉 관찰 후에 우리의 믿음이 어떻게 바뀌는지 알려준다. 이후 이 믿음은 새로운 자료와 대조해 또다시 수정되고, 계속 변화한다. 우리가 언제든 사용할 수 있는 데이터에서 이 데이터에 관한 더 나은 설명으로 넘어가기 위한 합리적인 방법이다. 이것은 순수한 연역법도, 단순한 귀납법도 아니다. 이 방법을 전문용어로 '귀추법(歸推法, Abduction)'이라고 한다.

이런 것들이 난해해 보일 수 있지만 (실제로 이 문제의 모든 측면을 깊이 이해하기란 쉽지 않다) 잘 생각해보면, 우리는 태어났을 때부터 계속 이 방법을 정확하게 사용해왔다. 우리는 현실에 관한 대략적인 생각에서 출발해, 새로운 정보를 얻으면서 계속 생각을 수정하기 때문이다. 숲을 걷다가 그림자 속에서 움직이는 무엇인가를 본다면, 사전 지식을 활용해 옳을 가능성이 큰 모형을 바탕으로 어떤 특별한 이미지를 떠올릴 것이다. 아마도 그 이미지는 마트에서 사용하는 카트가 아닌 동물이 될 것이다. 왜냐면 우리의 뇌가 그럴 가능성이 더 크다고 판단하기 때문이다. 그림자 속을 조금 더 관찰할 수 있다면, 말과 같은 네발 달린 짐승일 거라는 데 초점을 맞추지, 유니콘일 것이라 생각은 하지 않을 테니 말이다. 모든 정보를 동원할 수 없다고 해도, 우리는 '말'일 것이라는 가정이 가장 옳을 가능성이 크다고 결론을 내릴 것이다.

누군가는 과학적인 조사 영역에서 '믿음'이라는 말이 나오면 입을 삐쭉거릴 수 있지만, 우월한 증거로 뒷받침돼 다른 믿음보다 더 크고 오래 정당화되는 믿음이 존재한다는 사실을 인정해야 한다. 지구의 나이가 45억 년이라고 믿는 것과 6,000년이라고 믿는 것은 같지 않다. 우리가 관찰한 것을 바탕으로 가설을 세워야 한다는 믿음의 신뢰 수준을 정확하게 정량화할 수 있게 하는 것, 베이즈 이론의 요점은 정확하게 이것이다. 과학적 지식에 관한 직관적인 비전이 잠정적이거나 완벽하지 않지만, 점점 더 정확해진다는 것을 논리적으로 뒷받침할 수 있게 만드는 것이다. 궁극적으로 베이즈의 이론은 현실을 설명하는 일부 모형이 다른 것보다 더 잘 맞는 이유를 이해할 수 있게 해준다. 많은 사람들이 이해하기 어려워하지만, 사물을 설명하는 방법은 절대로 하나가 아니다. 그저 더 많은 갈채를 받는 방법이 있을 뿐.

베이즈 접근법의 또 다른 강점은 사전 지식에 부여하는 역할이 뚜렷하다는 것이다. 이 이론에는 출구가 없다. 우리가 어떤 가설을 세울 때마다 이미 알고 있는 것을 반드시 고려해야 한다. 매번 처음부터 시작할 수 없다. 과학은 일부 문제에서 아주 강력한 합의에 도달할 수 있다. 그래서 직접 가서 상황이 어떤지 보기 전에는 수많은 새로운 가설이 옳을 가능성이 극히 낮을 수 있다. 그렇다고 우리가 생각을 바꿀 수 없다는 것은 아니지만 (오히려 과학의 진보는 이 세상에 대한 우리의 비전을 끊임없이 재고하고 조정하는 사슬이라고 하는 편이 적절하다) 필요한 증거는 반드시 설득력이 있어야 한다. 예를 들어, 내가 아는 모든 것들은(내가 직접 공부한 것뿐 아니라, 수많은 연구자들이 수십 년 동안 해온 모든 추론과 실험 포함한 모든 것) 아인슈타인의 상대성이론이 아주 신뢰성이 높을 수 있다고 말하고 있다. 여러분이 내게 반대 의견으로 설득을 하고 싶다면 상당히 많은 공부가 필요할 것이다.

나는 내기 같은 건 전혀 좋아하지 않지만, 과학자들이 자연을 두고 벌이는 끊임없는 일종의 내기를 벌이는 모습을 보는 것은 아주 좋아한다. 우리가 한 가설에 부여하는 신뢰는 마권업자가 특정 이벤트에 할당하는 비율과 아주 유사하다. 내가 확실히 아는 것은 아니지만, 내가 이 내기에 얼마나 투자할 수 있는지는 말할 수 있다. 이것이 여러분에게 과학 지식을 둘러싼 불패의 아우라를 냉정하게 판단하는 것처럼 보인다면, 나로서는 더없이 좋을 것 같다. 왜냐면 불패의 아우라 같은 것은 유치한 시각이니까 말이다. 과학에는 항상 특정 진술에 관한 평가에 대한 신뢰의 정도에 차이가 있을 뿐, 결코 결정적인 확신은 있을 수 없다. 그런데 이것이 바로 과학의 강점이다. 결국, 과학자뿐 아니라 어떤 누구라도 내기의 기준을 따른다면, 나쁠 것은 없다. 실제로 돈을 건다면, 우리가 가장 귀한 믿음에 기꺼이 걸 수 있는 금액은 얼마나 될까? 과학적 아이디어는 항상 우리가 그 어떤 의심 없이 믿을 수 있는 내용이라는 라벨을 붙이고 있다. 하지만 우리는 새로운 사실에 비추어 실제 상황이 어떤지 검증하고, 그 라벨을 갱신해야 할 가능성을 갖고 있다.

따라서 내가 빅뱅에 관한 고전적인 이론이 우주의 실제 진화에 대한 매우 견고한 프레임을 준다고 말하는 것은, 물리학에 관한 우리의 사전 지식과 거의 한 세기 동안 축적된 증거들이 아주 신뢰도 높은 지도를 만들었다는 이야기를 하려는 것이다. 최소한 이 지도를 이용하면 길을 아주 많이 잃지 않을 것이라고 장담할 수 있다. 하지만 이 지도에도 한계가 있으니, 집에서 너무 멀리 떨어진 곳까지 갈 수는 없을 것 같다.

이제, 우리는 지도에서 다소 명확하지 않은 측면까지 파고들 준비가 됐다. 여정이 끝나고, 주위를 조금 더 잘 둘러본 후에는 우리가 믿을 수 있는 것보다 더 나은 아이디어가 떠오를 것이다.

9

급팽창

Inflazione

고전적인 빅뱅 모형, 즉 프리드만-르메트르 모형은 아주 단순하다. 우주의 진화를 설명할 때, 얼마나 많은 물질을 포함하고 있는지(우주의 평균 밀도)와, 우주가 팽창하는 속도(허블의 이름을 딴 상수)만 알면 된다. 이 두 가지 물리적인 양은 측정이 가능하고 사실상 수십 년 동안 우주론(우주의 기원과 진화를 연구하는 분야)의 주요 목적이 이 값에 관한 개념을 만드는 거였다. 하지만 안타깝게도 이 모형의 단순함은 극복이 안 된다. 우주는 이 모형보다 훨씬 더 복잡하기 때문이다.

한편, 우리는 프리드만-르메트르의 모형을 문자 그대로 받아들여서 나오는 우주의 초창기 순간들에 관한 설명이 당연히 잘못되었다는 것을 이미 알고 있다. '빅뱅'으로 추정된 특이점에 다가가면 우리가 아는 물리학을 더는 신뢰할 수 없게 된다. 하지만 문제는 이것 하나뿐이 아니다. 원시 우주는 복잡하지 않고 아주 단순한 상태였지만, 지금은 진공 영역에 산재한 엄청난 양의 물질이 있다. 어떻게 이렇게 됐을까? 프리드만-르메트르 모형 하나로는 이것이 도무지 설명되지 않는다. 게다가 이 모형의 두 매개변수를(허블 상수와 평균 밀도) 측정하려 시도하다 보면, 지금까지 축적된 모든 관측 결과들을 설명하기 위해 더 많은 수치가 필요하다는 것을 알게 된다.

말하자면, 이 빅뱅 모형은 성숙기에 접어들면서 새로운 증거를 고려해 수정되었어야 했다. 물론 특별히 문제가 될 것은 없다. 우리가 본 것은 과학적 진보의 일반적인 과정일 뿐이다. 오히려 상황이 매우 잘 전개되어 현재 우주론 연구자들이 고전적인 모형을 성공적으로 확대시켜 표준 우주 모형을 얻게 되었다고 여길 수 있을 수준이 되었다. 하지만 이러한 그림은 점점 복잡해졌고, 이제까지 도입된 수정 사항 중 일부는 객관적인 문제가 제기되고 있다.

'우주에는 얼마나 많은 물질이 있을까?'라는 역사적인 질문과 관련된 문제부터 시작해보자. 나중에 이 질문 자체가 엉뚱하게 바뀌고 다소 논쟁이 일기도 하지만, 지금은 일반적으로 사람들이 말하는 이야기에 집중하도록 하자. 진지하게 다루어야 할 것이 있다면 적절한 때에 풀어볼 것이다.

프리드만-르메트르 모형에서는 우주 내 물질의 평균 밀도가 임계값으로 표현된다. 왜 임계값일까? 이 값이 (m³당 소수의 원자에 해당할 정도로 아주 적은 값) 우주에서 발생 가능한 두 가지 움직임을 확연히 구분하기 때문이다. 밀도가 임계값보다 낮으면, 팽창이 중력을 이기고 계속 지속한다. 반대로 임계값을 뛰어넘으면, 우주가 어느 순간 수축하기 시작해 밀도가 높아지고 초창기 우주와 비슷한 상태로 돌아간다. 이 모형은 실제 밀도값을 알려주지는 않는다. 이 값을 파악하는 것은 경험적인 문제다. 다시 말해, 관측을 통해 측정해야 한다.

우주의 평균 밀도를 측정한다고 하면 말로는 참 간단하게 보일 수 있다. 하지만, 앞으로 보게 되겠지만 실제로는 그렇지 않다. 실제로, 지난 20세기 대부분의 세월 동안 천문학자들이 구한 것은 대략적인 추정치밖에 없다. 그러나 우주의 밀도가 임계 밀도(Critical density)와 거의 같았던 점은 부인할 수 없는 사실이다. 100배, 1,000배 크지도 작지도 않았다는 말이다. 거의 중간값이었다.

빅뱅 모형의 방정식들은 어떤 관점에서는 개념적인 문제

가 몇 가지 발생할 수 있다. 그 이유는 임계 밀도의 단위로 표현되는 우주의 밀도가 일정한 값을 갖지 않기 때문이다. 우주가 팽창하면서 조금씩 값이 변화한다. 시간이 더 흐를수록 임계 밀도값과 점점 더 차이가 나게 된다. 아무것도 변하지 않는 유일한 경우는 우주 밀도값이 임계값과 정확하게 일치하는 경우다. 이런 상황에서는 우주 밀도가 항상 같은 값으로 일정하다.

프리드먼-르메트르 모형의 이러한 특성은 일부 우주론 학자들에게 성가시게 느껴지기 시작했다. 우주의 밀도가 임계값에서 멀어지는 경향이 있다면, 어째서 팽창이 시작된 후로 수십억 년이 지난 지금까지도 여전히 그 우주의 밀도가 임계값과 이처럼 가까운 걸까? 이 질문에 관한 정확한 대답은 과거에는 우주의 밀도가 임계값에 훨씬 더 가까웠기 때문이라는 건데, 이 답은 매우 옳은 것처럼 보인다. 결국, 우주의 진화는 어느 특정한 조건에서 시작되었을 것이니, 우리가 그 조건이 어떤 것인지 파악하는 것이 중요한 문제다.

여기서 일이 꼬이기 시작한다. 누군가 확률적인 차원에서 이 문제를 표현하려 했기 때문이다. 쟁점을 살펴보자. 우주가 팽창이 시작된 후 1초도 안 되는 시간 동안 밀도는 임계값에 극도로 가까웠어야 한다. 그렇지 않다면 그 차이가 급격히 확대되어 현재값과 양립할 수 없게 되었을 것이다. 그러니까, 가상으로 예상 가능한 모든 밀도값을 생각하면, 현재 상황상 나타나는 차이가 매우 작아야 하는데 이 추론 방식에 따르면 모순적이다. '파인 튜닝(Fine-tuning)', 즉 이 모형의 초기 조건에 관한 '미세 조정'에 문제가 있는 것이다. 이 문제를 설명할 때 눈먼 창조자에 비유하는 경우가 많은데, 눈을 가린 채 화살을 쏴서 현재 우리가 주목하고 있는 우주와 호환되는 초창기 밀도값이 포함된 아주 작은 표적을 맞히는 식이라고 표현하곤 한다.

이 의견은 처음 들을 때는 그럴듯하고, 또 엄청나게 많은 사람들에게 그 설득력을 인정받았다. (솔직히 나도 잠깐이지만 설득이 되었다) 하지만 잘 분석해보면 적어도 의심의 여지가 있다는 점을 발견할 수 있다. 우리는 밀도값이 나올 수 있는 실질적인 범위도 모르고, 이 밀도값이 다른 값이 아닌 단 하나의 값일 가능성에 관해서도 전혀 아는 바가 없다. 다만 베이즈 정리를 사용하면, 아는 것이 거의 없어도 선험적으로 우주의 초기 밀도가 임계값에 매우 가까웠으리라는 예상이 매우 합리적이라는 것은 증명할 수 있다.[21)]

요약하면, 내가 개념을 정리하는 데 몇 년이나 걸렸다는 점은 인정해야 하지만, 개인적으로는 밀도의 미세 조정에 관해 제기된 문제는 현실적인 문제가 아니라고 생각한다.[22)]

요컨대, 올바른 방식으로 추론을 하려면 우주의 초기 조건에 관한 그럴듯한 이론을 가지고 있어야 하는데, 실제로는 그렇지 못하다는 것이다. 이에 관해서는 나중에 다시 이야기하도록 하자.

그런데 1979년 말, 미국의 젊은 이론물리학자 앨런 구스(Alan Guth, 1947~)가 발견한 아이디어가 등장한다. 앨런 구스는 빅뱅 모형의 방정식으로 빈둥거리며 이것저것 해보다가 밀도의 움직임이 역전될 수 있다는 것을 알아냈다. 임계값에서 멀어지는 것이 아니라 가까워지는 밀도에서 답을 찾은 것이다. 그런데 빅뱅 모형에서 초기 우주는 아주 빠른 속도로 팽창했어야 한다.

중력은 우주의 팽창을 지연시키므로 일반적인 조건에서 우리가 예상하는 바와는 반대로 작용한다. 실제로, 앨런 구스가 찾은 답을 적용하려면, 우주의 구성요소에 물리학자들이 '스칼라장(Scalar field)'라고 부르는 요소를 추가해야 했다. 문제를 너무 복잡하게 만들지 않으면서도, 이 요소를 추가하면 밀도의 미세 조정 문제가 해결될 수 있을 것으로 보였다. 요약하면, 이 아이디어는 '급팽창(인플레이션, Inflation)'이라고 부르는 아주 짧은 초기 단계 동안[23] 우주의 팽창이 가속화되었고, 이로 인해 밀도가 임계값에 매우 가깝게 되었다는 것이다. 그 이후에는 우리가 잘 아는 빅뱅 모형의 정상적인 과정을 통해 변화가 진행되었고 말이다.

한 세미나에서 미세 조정 문제에 관해 듣고 난 직후, 앨런 구스는 그 결과에 엄청나게 흥분해 자신의 계산식이 담긴 노트 페이지의 제목으로 '경이로운 실현(spectacular realization, 앵글로색슨의 '유레카!' 정도 되는 표현이다)'이라고 기록해두었다. 이외 흥미로운 일이 한 가지 더 있는데, 급팽창 개념을 통해 거시적으로 우주가 매우 균질하게 보이는 이유를 설명할 수 있게 된 것이다. 어떤 의미에서는 빅뱅 모형을 구축한 가정 중 하나인 우주론에 물리학적 정당성을 제공한 것처럼 보이기도 했다. 가속화된 초기 팽창이 거의 완전할 정도로 미끈하고 균질하던 시공간의 미시적 영역을 팽창시켜, 매우 규칙적인 특성을 가진 우주를 만들어 낸 것이다. 이렇게 한 가지 개념이 서로 관련 없는 두 가지 사실을 단번에 설명한 듯하면 옳은 길을 가고 있다는 느낌이 매우 강하게 들게 마련이다.

그 몇 년 후, 앨런 구스의 열정은 점점 그의 동료들에게까지 전염되었고, 급팽창 단계에 관한 개념이 우주의 초기 순간을 설명하는 데 가장 많이 사용되는 연구 가설로 자리매김했다. 현재 9,000명이 넘는 과학자가 제목이나 목차에 '급팽창(인플레이션)'이라는 단어를 포함시켰고, 그들이 작성한 과학 논문만도 1만 4,000편이 넘는다.[24] 이처럼 엄청난 양의 파생 연구가 이루어졌다는 점을 고려하면 상당히 유익한 개념인 것만큼은 틀림없다. 추측 개념에 기반을 두고 있지만, 동시에 이미 익숙한 배경에 뿌리를 둔 개념을 배경으로 하고 있어 합리적인 계산이 가능하고 수많은 방향으로 탐구할 수 있어서 이론물리학자들이 상당히 좋아하는 유형의 아이디어다. 그런데 정말로 우주가 만들어진 방식을 제대로 설명해주는 개념일까?

이전의 어느 장에서 내가 애매한 기독교 집안에서 자라서 무의식중에 우주의 기원에 대한 종교적 서사를 흡수하게 되었고, 시간이 흐른 후에야 그 서사에서 벗어날 수 있었다고 말한 적이 있다. 이제 내가 급팽창 모형에 관한 해석에 흠뻑 젖은 환경에서 물리학자로서의 소양을 갖추게 되었다는 점을 인정할 때가 온 것 같다. 우스갯소리를 하는 것 같아 미안하지만, 나는 앨런 구스라는 종교 속에서 자랐다. 농담이 아니라, 나와 함께 일을 했거나 나와 교류한 물리학자들 대부분이 급팽창 모형이 우주를 가장 잘 설명하는 모형의 기본 요소 중 하나라고 생각해왔다. 적어도 30년 동안은 우주의 초기 단계에 관한 연구를 심화할 때 지배적인 패러다임이었다는 점은 의심할 여지가 없다.

거기에는 여러 이유가 있지만, 그중 하나는 급팽창 모형이 부상했을 때 그 내용 자체가 입자물리학과 우주론 사이의 다리 역할을 한다는 점이었다. 앨런 구스가 탐구한 물리적 체계의 유형은 1960년대에 피터 힉스(Peter Higgs, 1929~)가 보손(Boson)의 존재를 예측한 것과 매우 유사하다. 피터 힉스는 이 예측에 자신의 이름을 따 힉스 보손이라고 이름 붙였고, 훗날 유럽입자물리연구소(CERN)의 '대형 강입자 충돌기(LHC, Large Hadron Collider)' 덕분에 실제로 관측할 수 있었다. 1980년대에는 앨런 구스가 가설을 세운 스칼라장이 머지않아 입자물리학 연구에서 나온 근본적인 무엇인가와 연결될 수 있을 거라는 희망이 생겨났다. 하지만 유감스럽게도 지금까지도 그 희망은 이뤄지지 않았다. 남은 것은, 무한한 조건에 적용할 수는 있지만, 그로 인해 다소 모호할 수도 있는 포괄적인 시나리오뿐이다. 실질적으로 급팽창에 관한 이론은 없다. 다만, 저마다의 인과관계가 있는 모형의 수만 어마어마하게 많을 뿐이다.

그래서 급팽창 모형의 예측이 무엇인지, 급팽창을 변조시킬 수 있는 증거가 어떤 것인지 정확히 파악하기가 어렵다. 물론 실질적으로 존재하지 않는 문제라는 단순한 이유만으로 급팽창이 임계 밀도의 미세 조정을 해결한다는 점을 급팽창의 증거로 사용할 수도 없다.

급팽창을 뒷받침하는 단서로 자주 제시되는 우주의 균질성 문제도 그다지 확실하지 않다. 그 이유에 관해서는 나중에 다시 설명할 것이다. 앞으로 보게 되겠지만, 급팽창이 원시 우주의 밀도에 미세한 요동을 줄 수 있고, 이 요동이 은하를 형성시키기 시작하는 '씨앗'이 될 수 있다. 이것은 거의 확실하다. 나는 아직도 이 부분이 우주 급팽창이라는 개념의 진정한 힘이라고 생각한다. 하지만 이것이 정말 급팽창의 결정적인 특성인지는 두고봐야 한다.

급팽창 모형은 복잡하고 여전히 해결되지 않은 문제라서 나중에 그 타당성과 함께 다시 살펴볼 것이다. 일단 지금은 창세기의 신화로 인해 매년 나에게 벌어진 똑같은 일을 관찰하는 것으로 마무리할까 한다. 그렇다고 급팽창 모형마저 신화라는 말은 아니고, 오히려 우주의 초기 순간에 대한 좋은 설명이라는 확신이 점점 줄어들었다는 점은 인정해야 할 것 같다.[25)]

10

물질

Materia

앞에서 나는 우주의 평균 밀도 측정, 즉 우주에 얼마나 많은 물질이 포함되어 있는지를 알아내는 일이 전혀 간단한 일이 아니라고 말한 바 있다. 이유가 무엇일까? 뭐, 우리가 망원경으로 우주의 모든 내용물을 직접 볼 수 없기 때문인데, 이것은 당연한 말인 것 같지만 사실 우리가 직접 볼 수 있는 것은 일부에 지나지 않는다. 실제로 우리는 조금씩 우주의 내용물에 관해 알아내고 있고, 그런 탓에 고전적인 빅뱅 모형의 이미지가 복잡해졌다.

확실한 것은 그 누구도 우주에 있는 모든 물질이 빛을 방출한다고 생각지 않는다는 점이다. 앞에서 보았다시피 우주는 수소와 헬륨, 이 두 원소가 주성분으로 이루어져 있다(다른 원자는 모두 판도로 빵 위에 뿌려진 설탕 파우더 같은 주변 성분이다). 수소와 헬륨 구름 자체는 눈에 잘 보이지 않는다. 하지만 자체적인 중력의 영향으로 붕괴해 별이 만들어지면 상황이 달라진다. 따라서 우리는 우주에 존재하는 원자 물질의 일부는(별 안에 있는 물질) 직접 관측할 수 있고, 일부는 그렇지 않다고 생각할 수 있다. 이 두 부분의 관계를 파악하는 것이 남은 문제다.

먼저 보이는 물질부터 시작해보자. 보이는 것들의 경우라면 우주에 있는 별의 수를 추정하기만 하면 되므로 매우 간단하다. (참고로 궁금한 분들을 위해 설명하자면, 직접 추정해본 결과 우주에 있는 은하의 수는 대략 1조 개 정도 되고, 각 은하에 평균적으로 1,000억 개의 별이 있다. 그러면 별의 수가 약 10^{23}개, 즉 1 뒤에 0이 23개 붙는 것이므로 100조억 개쯤 되는 것이다. 이런 계산으로 여러분을 지루하게 만들고 싶지 않지만 조금 더 설명하자면, 이 별들의 수는 지구에 있는 모든 해변의 모래 알갱이 수보다 많다.) 이 별들의 모든 질량을 합하면 임계 밀도의 아주 일부에 해당하는 약 0.5퍼센트 정도에 이른다는 것을 알게 되었다. 그렇다면 행성이나 블랙홀같이 자체적으로 빛을 방출하지 않는 물체를 형성했거나, 성운이나 그보다 더 연한 물질의 형태로 우주 공간에 널리 퍼져 있어서 직접 관측하기 어려운 나머지 모든 원자

물질의 밀도는 어떻게 측정할까?

여기서부터 분명치 않은 부분이 시작된다. 오랫동안 우주에 있는 원자들의 목록을 만드는 일이 거의 불가능한 일처럼 보였지만, 언제부터인가 천체물리학자들이 방법을 고안해내기 시작했다. 이 책의 시작 부분에서 원시 우주에 가벼운 핵들의(주로 헬륨과 중수소) 합성에 관한 언급을 떠올려보자. 또 이것은 핵융합의 과정을 탁월하게 설명해줄 수 있다는 점에서 빅뱅 모형의 기둥이 된다고도 했다. 그런데 여기에는 뭔가 더 있다. 이러한 가벼운 원소들의 양은 원시 플라스마에 있는 중성자와 양성자의 밀도에 의해 아주 민감하게 변화한다. 기본적으로 우리는 우주의 모든 원소 밀도를 추정할 때 현재 우주에 있는 가벼운 원소들을 관찰한다. 여기에 특별히 문제는 없다.

그래서 무엇을 발견했을까? 우리가 직접 볼 수 없는 물질을 모두 합치면 임계 밀도의 일부, 약 5퍼센트 정도에 해당하는 값을 추정할 수 있다. 그런데 이것은 우주 밀도가 임계 밀도에 가깝다는 이론적 기대와 충돌하는 결과다. 바로 앞에서 살펴보았듯이, 급팽창 모형에서 가장 많이 제기되는 예측이다.

어쨌든 이론적인 문제로만 본다면 누군가는 그 예측이 옳다고 생각할 수 있다. 하지만 사실상 이 문제를 둘러싼 아주 깊은 갈등이 있다. 수많은 천문학적 관측에서 비롯한 이 아슬아슬한 갈등도 무시할 수 없고, 우리가 다른 많은 것을 놓치고 있다는 의혹을 품게 만들기도 한다.

1930년대부터 일부 천체물리학자들이 우주에서 보이는 물질의 움직임이 어떤 경우에는 우리의 예측에서 벗어날 수 있다는 것을 알게 되었다. 스위스의 천문학자 프리츠 츠비키(Fritz Zwicky, 1898~1974)가 그 시작이었는데, 1933년경 '코마(Coma)'라는 방대한 은하단을 관측하던 중에 이상한 점이 있다고 발표했다.

은하가 중력에 의해 모이게 된 별의 집합인 것처럼, 은하단은 수백 개, 때로는 수천 개의 은하가 서로 연결되어 있는 은하의 집합이다. 어떤 천체가 중력에 의해 집합이 된 상태를 유지한다면, 이 천체를 구성하는 부분들의 전체 질량과 평균 속도는 밀접한 관계에 놓이게 된다. 예를 들어, 태양계의 행성들을 생각해보면 이해하기 쉽다. 행성들은 케플러의 세 가지 법칙에 따라 궤도 운동을 하는데, 이 법칙은 행성과 태양 사이에 존재하는 중력의 결합에서 파생된 것이다. 흥미로운 점은 어떤 이상한 이유로 태양이 보이지 않게 되더라도, 천문학자가 행성들의 궤도 속도를 측정하기만 하면 태양의 존재를 간단하게 추측할 수 있고, 태양의 질량도 아주 정확하게 계산할 수 있다는 점이다.

프리츠 츠비키의 이야기로 돌아오자. 이 천문학자는 은하단 안에 있는 은하들의 움직임을 연구하면서 은하단의 전체 질량을 측정해보려 했다. 과연 무엇을 발견했을까? 의미를 둘 수 있을 정도의 결과를 얻으려면 눈에 보이는 것보다 수백 배는 더 질량이 큰 무엇인가를 찾았어야 했다. 프리츠 츠비키는 자신이 발견한 것에 '암흑 물질(Dark matter)'이라는 명칭을 붙였는데, 큰 성공을 거둔 이름이기는 하지만 이 일이 있고 수십 년이 지난 후에야 세상에 알려졌다. 그리고 얼마 가지 못해 프리츠 츠비키의 가설은 설득력을 잃고 말았다.

40년이 지난 후, 눈에 보이는 질량과 속도 간의 불일치 문제가 이번에는 은하 규모에서 다시 대두되었다. 이런 규모에서의 결정적인 관측은 특히 미국의 천문학자 베라 루빈(Vera Rubin, 1928~2016)이 두각을 드러냈는데, 1960년대에 나선 은하(우리의 은하수처럼 원반과 비슷한 평평한 형태를 취한 은하의 일종) 주변의 별들이 계산보다 빠르게 궤도를 돌고 있는 모습을 여러 번 목격했다. 은하에는 망원경으로 보는 것보다 훨씬 더 많은 물질이 있는 것 같다는 예측을 다시 한번 하게 된 것이다.

여기서 끝이 아니다. 이후 수십 년 동안 천문학자들이 우주의 은하 분포에 대해 점점 더 광범위하고 더 정교한 지도를 제작했기 때문이다. 이 경우에도 결과는 예상하던 바와 달랐다. 이러한 발견이 이루어지기 전까지 우주론 연구자들이 우주를 묘사하던 방식은 마치 커다란 검은색 캔버스에 정말 아무렇게나 비가 쏟아진 것처럼 흰 물감을 퍼부어 놓는 것과 다름없었다. 일정한 구조 같은 것은 전혀 기대할 수 없었고, 그저 수많은 점이 흩뿌려져 있었다. 각 은하는 진공 상태 속에 버려진 섬이어야 했고, 한 은하와 다른 은하 사이의 평균 간격도 딱히 특징적인 성향이라고 드러낼 만한 것이 없었다.

그러나 상당히 많은 수의 은하를 포함하기 시작한 지도들은 상황이 다르다는 것을 보여줬다. 은하들은 은하단이나 은하군(group), 필라멘트(filament), 장성(wall)과 같은 형태로 거대한 집합체를 이루고 있었다. 은하의 분포도 예상보다 균질하지 않았다. 이것은 생각하기에 따라 더 흥미로울 수 있다. 이후 계속된 관측은 이 초기 지도의 근거를 뒷받침했다. 현재는 우주의 방대한 규모를 아우르고 수십만 개에 이르는 은하의 위치를 포함한 거대한 은하 목록을 확보하게 되었다. 여기서 눈에 띄는 점은 놀라울 정도로 복잡한 그림이 되었다는 것인데, 밀도가 높은 부분과 낮은 부분, 즉 커다란 공동 영역이 복잡한 계층 구조로 중첩된 바다의 포말과 유사하다. 이 모든 것은 물질 대부분이 빛을

낸다는 주장과 거의 양립되지 않는다. 눈에 보이지 않는, 뒷받침되어주는 버팀목이 있고, 그 연결고리 위에서 은하들이 나뭇가지에 달린 싹처럼 꽃을 피워야 하는데 말이다.

이러한 의혹은 이론천문학자들이 현존하는 가장 강력한 슈퍼컴퓨터를 사용해 만들어낸 정교한 우주 시뮬레이션과 비교를 통해 더 심해진다. 일반적인 시뮬레이션에서는 원시 우주의 상태와 비슷하게 거의 균질한 기체 분포부터 시작해 우주의 시간에 맞게 각 물질이 물리학의 법칙을 따라 알아서 움직이도록 내버려둔다. 그러면 결국 우리는 관측한 내용과 비교할 수 있는, 별과 은하를 포함한 우주 내 물질 분포 양상을 얻게 될 것이다. 이제 시뮬레이션은 아주 복잡하고 사실적인 수준까지 발전해, 천체물리학자들이 컴퓨터로 수만 개의 은하를 포함하고 실제 관측되는 바와 거의 차이가 없을 정도로 정교하게 우주의 일부를 재현할 수 있게 되었다.[26] 다만, 음식 조리법에 반드시 들어가야 하는 재료를 소개할 때처럼, 여기에는 꼭 필요한 것이 있다.

이미 짐작했겠지만, 암흑 물질이 꽤 많이 필요하다.

별의 형태를 갖추지 못하고, 우리의 망원경으로 관측되지 않고 지나쳐버린 원자들이 수없이 많다는 것을 알 수 있다. 어쩌면 이것이 여기에 필요한 암흑 물질이 아닐까? 그렇다면 아주 간단해진다. 그런데 최소한 두 가지 문제는 있다.

첫 번째 문제는 은하단에서 은하들의 움직임이나 나선 은하들의 회전 곡선, 혹은 대규모의 은하 분포를 설명하려면 임계 밀도의 30퍼센트 정도 되는 양의 물질이 필요하다는 점이다. 앞에서 말한 것처럼 보이는 원소와 보이지 않는 원소, 모두를 합친 양이 임계 밀도의 5퍼센트밖에 되지 않는데, 그보다 훨씬 더 많은 양이 필요하다. 우주 주위에 숨은 원자로 설명하기에는 무리가 있다.

두 번째 문제는 은하와 대규모 구조의 형성에 관한 조리법이 원자만 사용할 경우 잘 맞지 않는다는 점이다. 평범한 물질과는 많이 다른 특성을 가진 다른 유형의 물질이 필요하다. 중력을 제외하고 우주의 다른 부분과 실질적으로 그 어떤 상호작용도 하지 않는 입자로 이루어진 물질이어야 한다. 바꿔 말하면, 우리가 우주에서 관측하는 거대한 구조와 결합하기에 적합해야 하지만, 빛을 방출 및 흡수하거나 확산하면 안 되고 이동한 흔적도 거의 남기지 않는 물질이어야 하는 것이다. 이러한 가설이 옳다면, 지금 바로 이 순간 절대로 직접 경험할 수 없는 입자의 흐름에 의해 여러분의 몸이 이동하고 있어야 한다.

그렇다면 어떤 입자가 이런 유형에 해당할까? 우리는 이런 입자의 몽타주에 맞는 입자를 전혀 알지 못할까? 그렇기도 하고 아니기도 하다. 알려진 입자 중에 적합한 조건을 갖추고 있는 입자는 중성미자밖에 없다. 중성미자는 전하가 없고 일반적인 물질과 아주 약하게 상호작용한다. 하지만 안타깝게도 우리에게 맞는 입자가 아니다. 우리가 중성미자의 질량에 대해 정확하게 아는 것은 아니지만, 분명 매우 작을 것이다. 양성자보다 1/1,000 가벼운 전자와 비교해도 최소 1/10만 수준으로 작을 것이다. 결국, 중성미자는 우주에 있는 질량으로서 의미가 있다고 볼 수 없다. 그뿐만 아니라, 은하나 은하단 내에 갇혀 있기에는 너무 빨리 움직여서 그 자체로는 어떤 구조 안에 있는 보이지 않는 질량을 설명하는 데 사용할 수가 없다. 그러니까 중성미자로는 할 수 있는 것이 없다.

현재로서는 우주론 연구자들이 '차가운 암흑 물질(CDM, Cold Dark Matter)'이라고 부르는 일반적인 분류에 속하는 가상의 후보에 의존하는 수밖에 없다. 여기서 차갑다는 것은 물질을 구성하는 입자들이 빛보다 훨씬 느린 속도로 천천히 움직인다는 의미를 갖는다. 이 물질은 대규모 구조의 시뮬레이션에서 잘 작동하는 암흑 물질로, 실제 관측 결과와도 매우 유사한 결과를 보였다.

이론물리학자들이 이러한 굳건한 정당성을 바탕으로 수년에 거쳐 상상해낸 가상 입자들이 있는 동물원이 있다. 이러한 가상 입자를 발견하려는 반복된 시도와 행운 섞인 성공담 그리고 그 유효성을 평가하기 위해 실험의 이력을 재구성하자면 또 한 권의 책이 필요할 것이다.[27] 어쨌든 요약하자면, 우리는 천체 관측에 필요한 어둡고 차가운 물질의 역할을 할 수 있는 새로운 물질을 전혀 관측하지 못했다. 이 물질을 찾아 30년 넘게 사냥에 나섰지만, 현 상황에서는 여전히 빈 의자로 남아 있다. 지금까지 암흑 물질에 관한 직접적인 연구로 얻은 결과는 후보 물질들의 행렬을 다소 줄였다는 것뿐이다. 중요한 것은 과학이 가능성의 목록을 줄이고 있는 것만으로도 발전하고 있는 명백한 증거라는 점이다. 하지만 우리는 더 많은 것을 원한다. 실체를 알 수 있는 '진정'한 암흑 물질 입자를 원한다. 하지만 지금은 없다.

다른 선택권이 있을까? 없는 것 같다. 가장 명확한 것은 천문학 데이터를 해석하기 위해 우리가 사용하는 개념의 틀, 즉 아인슈타인의 중력을 두고 논란을 벌일 수 있다는 것이다. 사실상 우리가 고안해낸 모든 실험적 검증을 통과한 일반상대성이론의 의심할 바 없는 견고성 너머, 관측 사실과의 불일치를 설명하기 위한 중력 수정이 효과가 없다는 문제가 있기 때문이다. 시도는 해봤지만 결과가 설득력이 없었다. 마치 구멍 하나에 테이프를 겹겹이 붙였는데, 정작 물이 다른 구멍 곳곳에서 계속 새어 들어오는 것 같은 상황이다.

가장 많이 연구된 시도는 이스라엘의 물리학자 모르더하이 밀그롬(Mordehai Milgrom, 1946~)이 1980년대 초에 제시한 '수정 뉴턴 역학(MOND, Modified Newonian Dynamics)'이다. 이 연구의 초기 개념은 중력의 움직임을 아주 광범위한 차원에서 변경해 나선 은하에서 주변 별들의 회전 운동을 설명하는 것이었다. 밀그롬의 모형이 의도한 바대로 작용하는 것에는 의심의 여지가 없다. 그러나 문제는 수년 동안 우주론 연구자들이 암흑 물질의 존재를 주장하게 만든 다른 모든 관측까지도 설명할 수 없게 만들었다는 점이다.

요컨대, 현재로서는 실험적 증거가 전혀 없는 가상 입자를 도입하는 것은 위험해 보일 수 있는 움직임이다. 증거의 무게는 우리를 계속 압박할 것이다. 암흑 물질이 존재한다면 언젠가는 연구소에서 그 흔적을 찾게 되겠지만 얼마나 기다려야 그런 날이 올지는 아무도 모른다. 그때까지 지금은, 지금 당장 존재하지 않는 대안의 가능성을 열어두지 않는 것은 어리석은 일이다.

11

진공

Vuoto

우주의 밀도를 측정하려는 우리의 다양한 시도를 살펴봤으니, 그것과 다른 양(量)을 살펴볼 때가 되었다. 고전적인 빅뱅 모형은 유지하면서도, 우주의 진화를 설명하려면 알아야 할 것이 양이다. 즉 공간이 팽창하는 속도를 살펴볼 것이다. 사실 속도에 관한 이야기를 하는 것은, 우주 공간에서 무엇인가의 움직임을 측정하는 것이 아닌 공간 자체의 팽창을 측정하는 것이다. 하지만 우리는 이미 그 정도는 이해한다.

허블-르메트르의 법칙부터 시작해보자. 기억하겠지만, 이 법칙은 현재 우주의 두 지점이 멀어지는 속도가 두 지점

간의 거리와 비례한다는 내용을 담고 있다. 즉, 두 지점 간의 거리에 특정 상수를 곱한 값이 속도가 되는데, 이 상수를 허블 상수라 하고 우리가 측정하고자 하는 양이 바로 이 상수다. 이 상수는 여러 가지 이유로 우리의 관심을 끄는데, 그중 아주 매력적인 한 가지는 허블 상수를 알면 우주의 나이를 추정할 수 있다는 점이다. 이 개념을 통해 우주의 팽창이 얼마나 빨랐는지 계산해, '빅뱅' 이후 현재 상태에 이르기까지의 시간을 확실히 알 수 있다.

그러면 허블 상수는 어떻게 측정할까? 간단하다. 각기 다른 거리에 있는 다양한 은하가 우리에게서 멀어지는 속도를 측정하고 비례 상수를 찾으면 된다. 이론상으로는 그렇지만, 항상 그렇듯 실제로는 훨씬 더 복잡하다. 은하와 일반적인 천체의 거리를 측정하는 것은 천문학에서 가장 어려운 일 중 하나다. 단순히 생각해도 지구부터 우주까지 줄자를 늘려서 잴 수 없으니 당연한 일이다. 간접적으로 측정할 수 있는 기술을 고안할 수밖에 없다.

은하의 경우, 은하 내부에 있는 '표준 촛불(또는 표준 촉광)', 즉 우리가 본래 밝기를 아는(혹은 안다고 생각하는) 광원의 존재를 바탕으로 한 측정 기술을 사용한다. 이 기술적 개념은 전구가 만들어내는 빛의 양을 알면, 멀리서 관측해도 그 거리를 헤아릴 수 있다는 것이다(간단히 설명하자면, 빛은 우리가 계산할 수 있는 방식으로 약해지는데, 전구의 거리가 2배가 되면 빛은 4배 감소하고, 거리가 3배가 되면 빛은 9배 약해지는 식이다).

제대로 계산하기 어려운 방법이라, 이 방법으로 얻은 초창기 허블 상수값은 완전히 틀리기도 했다. 우주가 지구보다 훨씬 더 나중에 만들어졌다는 결과가 나왔기 때문이다. 완벽히 잘못된 계산이었던 셈이다. 하지만 시간이 지나면서 우리는 훨씬 더 영리해졌다. 1990년대 말에 접어들면서 이 문제에 관한 최종적인 결론을 내리는 데 필요한 정확성을 갖춘 수준의 관측을 할 수 있게 되었다. 적어도 그렇다고 믿었다. 사실 예상과 달리 상황이 더 틀어지고 말았지만.

우리가 어떤 어려움에 빠졌는지 살펴보기 전에 한 가지 알아야 할 것이 있다. 허블 상수는 사실 전혀 일정하지 않다. 오늘날의 우주는 과거에 팽창할 때와 다른 속도로 팽창하고 있기 때문이다. 고전적인 빅뱅 모형에서는 이에 관한 이유가 명확하다. 우주에 포함된 모든 물질의 중력이 팽창을 제어하는 역할을 하는 것이다. 앞에서 말했다시피, 밀도가 임계값보다 높은지, 혹은 낮은지에 따라 팽창이 영원히 계속될 수도 있고, 붕괴로 전환될 수도 있다. 그런데 두 경우 모두 진행 속도는 점점 줄어들 것이다. 우주는 점점 더 천천히 팽창하고 있다.

뭐, 좋다. 그런데 1990년대 중반부터 몇 가지 놀라운 일이 일어났다. 허블 상수로 추정한 값들이 정확해지면서 새로운 문제가 나타나기 시작한 것이다. 간략하게 설명하자면, 이 상수의 측정값을 사용하면 프리드만-르메트르 모형에서 나오는 우주의 나이가 우주에서 관측된 가장 오래된 별의 나이보다 훨씬 더 어리다. 확실히 무엇인가 문제가 있다는 말이다.

여기에는 허점이 있을 수 있다. 우주의 팽창 속도가 감속되는 것이 아니라 '가속된다면', 우주의 나이와 관련된 문제는 사라질 것이다. 허블 상수의 측정값은 더 많은 우주의 나이와 맞을 수 있는데, 이미 앞서 말했지만, 물질만 포함하고 있는 우주에서는 감속 이외에는 기대할 것이 없다는 단순한 이유로 인해 이런 해결법은 그다지 속 시원하지 않았다.

그러던 1998년, 이상하게 보일 수 있지만 상황이 정말 그렇게 되었다. 특정한 유형의 초신성을 (어떤 경우는 별의 생명이 다했음을 보여주는 거대한 폭발) 표준 촛불로 사용한 두 천문학자 팀이 아주 멀리 떨어져 있는 수십 개 은하의 거리를 측정하고, 이 측정값을 은하들의 속도와 관련짓는 데 성공했다. 관측된 은하들의 거리가 아주 큰 것으로 보아, 은하의 빛이 지구를 향해 이동하기 시작했을 때는 우주가 지금과 다른 속도로 팽창하고 있었다는 것을 알 수 있었다. 모든 데이터를 종합하면, 우주의 팽창 속도가 늦어졌다는 것이 아니라 빨라졌다는 결론이 나온다. 요약하면, 우주의 팽창은 실제로 가속하고 있는 것이다.

이러한 발견으로 두 천문학 그룹의 책임자인 사울 펄무터(Saul Perlmutter, 1959~)와 아담 리스(Adam Riess, 1969~), 브라이언 슈미트(Brian Schmidt, 1967~)는 2011년에 노벨 물리학상을 받았다. 이는 분명 우주의 팽창 문제에 관한 학계의 합의를 보여주는 것이다. 우주의 팽창은 빨라지고 있고, 여기에 더는 우리가 할 일이 거의 없다. 이제 중요한 것은 이것을 설명할 방법을 찾는 것뿐이다.

가장 간단한 해결책은 아인슈타인으로 돌아가 그가 우주를 고정시키려 했던 시도를 살펴보는 것이다. 여러분도 아인슈타인의 방정식에서 고정된 값을 얻기 위해 아인슈타인이 현재 '우주 상수'라고 부르는 수학 용어를 도입했다는 것을 기억하고 있을 것이다. 아인슈타인은 이 용어의 물리적 의미에 관해 정교한 가설을 만들지 않았다. 솔직히 이 모형을 안정시키는 것 외에 달리 정당화할 방법이 없는 수정이었다고 볼 수 있다. 물리학적 직관에 상당히 신경을 썼던 과학자에 어울리지 않는 이례적인 움직임이었고, 우주 팽창에 관한 발견은 그 물리적 직관을 순식간에 무용지물로 만들었다. 전하는 바에 따르면, 아인슈타인은 그 부분을 자신의 경력에서 가장 큰 실수로 여겼다고 한다.

그러나 우주 상수는 상당한 의미를 지니고 있다. 다시 한 번 말하지만, 이 상수를 처음 제시한 것은 조르주 르메트르였다. 이 상수는 빈 공간의 에너지 밀도라고 해석할 수 있는데, 이상한 생각으로 여겨질 수 있지만, 물리적 현실을 현대적인 시각에서 바라본 결과라고 할 수 있다.[28] 예를 들어, 아무것도 없는 빈 공간의 크기를 설정하고 가까이서 잘 관찰해보면 그 안에 숨어 있다가 사라지기를 계속 반복하는 기본 입자를 발견할 수 있다. 이 빈 공간의 일시적인 진동으로 인해 발생하는 에너지가 주는 효과는 계산하기 어렵지만, 정확히 아인슈타인이 상상한 우주 상수와 같은 일반상대성이론의 방정식에 포함된다.

그렇다면 이 모든 것은 우주 팽창의 가속화와 어떤 관련이 있을까? 우주 상수가 (혹은 물리적 해석 중 하나로 진공 에너지) 다른 형태의 물질이나 에너지와 다른 방식으로 작용하는 현상이 밝혀졌는데, 이 작용은 공간이 팽창되도록 압박을 가하는 장력과 같다. 아인슈타인이 일반적인 물질이 수축하는 경향과 균형을 이룰 것으로 추정하고 세상에 소개하게 만든 것이 바로 이 우주 상수의 속성이었다. 그러나 팽창하는 우주에서 우주 상수는 완전히 다른 결과를 보여주었다. 물질의 밀도가 진공의 에너지 밀도보다 낮아지면,

장력이 작용하기 시작해 은하들 사이의 거리가 점점 빠른 속도로 벌어지게 만들기 때문이다.

따라서 가속 팽창의 발견은 그다지 놀라운 일이 아니게 된다. 우리에게는 이미 이론과 관측이 완벽하게 균형을 이루는 우주 상수라는 제대로 준비된 설명이 있으니까. 하지만 이 답에 모두가 만족하는 것은 아니다. 왜 그런지 살펴보자.

한 20년 전부터, 우주론 및 이론물리학 연구자들 공동체의 대부분이 어떤 딜레마에 빠져 허우적대고 있는데, 이 딜레마의 주인공은 아인슈타인의 우주 상수와 이 우주 상수의 현대 버전인 진공 에너지다. 사실 우주 상수에 특정한 문제가 있을 수 있다는 점은 이전부터 이미 알려져 있었지만,[29)]우주 가속화의 발견으로 밝혀진 것이 있다. 무엇일까?

첫 번째 문제는 이론물리학자들이 우주 상수값에 관해 알지 못한다는 점이다. 기본적으로 진공 상태 공간의 미세한 진공 에너지를 계산하면, 우주의 가속 팽창을 관측해서 측정한 것보다 훨씬 더 큰 값이 나온다. 여기까지는 전반적으로 그다지 큰 문제는 아니다. 사실 우리에게는 아직 아인슈타인의 중력을 양자 역학에 대한 아원자(Subatomic particle, 중성자, 양성자, 전자처럼 원자보다 작은 입자)적 설명과 양립시키는 이론이 없다(이 문제에 대해서는 나중에 다시 이야기할 것이다). 그러니 필수적인 무언가를 놓치고 있는 것이 확실하다.

그런데 이 시점부터 시야가 탁해진다. 단순하게 일시적인 무지로 받아들이고 현실의 근본적인 특성에 관한 개념이 명확해지기를 기다리는 것도 그리 나쁜 선택은 아니었다. 그런데 우주 상수의 측정값을 부자연스러운 신비 정도로 보는 사고의 흐름이 개입했다. '그런 것이라 치고 이쯤이면 됐다'로 끝나지 않고 훨씬 더 심오한 설명이 필요하다고 생각하게 된 것이다.

우주의 진화에 우주 상수의 영향은 확실히 관련이 있다. 우주 상수값이 이론상의 추정치에서 벗어난다면, 우리 우주는 빅뱅 이후 곧바로 가속화된 방식으로 팽창하기 시작해 단시간 내에 거대하고 별 하나 없이 텅 빈 황무지가 됐을 것이다. 상황이 이렇게 전개되었다면 우주는 아무도 살지 못하는 곳이 되었을 것이고, 우리가 이런 문제로 골머리를 앓고 있지도 않았을 것이다. (나중에 이러한 추론이 어디로 이어지는지 살펴볼 것이다.)

요컨대, 극단적으로 협소한 범위의 진공 에너지값만이 우리가 실제 관측하는 유형의 우주와 호환될 수 있을 것 같다. 또한, 어떻게 진공 에너지의 밀도와 우주에 있는 물질의 평균 밀도가 대략적으로 비슷해졌는지에 주목해야 하는데, 누군가는 이것이 추가적인 연구에서 나올 법한 우연이라고 생각할 수도 있다. 결국, 우리가 앞에서 우주의 평균 밀도에 대해 살펴볼 때 나왔던 것과 비슷하게 미세 조정 문제가 있을 수 있다.

하지만 우주의 평균 밀도와 마찬가지로, 이 또한 현실적인 문제인지는 아직 명확하지 않다. 결국, 다른 우주론의 매개변수에 대해서도 똑같은 말이 나올 수 있다는 것이다. 예를 들어, 우리가 허블 상수가 관측된 값보다 100배나 1,000배 더 크다고 걱정하지 않는 이유는 뭘까? 우주 상수 값에 대한 구체적이고 타당한 예측이 있다면, 특정 범위의 값들이 어느 정도 가능한지에 대해 좀 더 명확한 생각을 가질 수 있고, 현실과 충돌되는 부분을 심각하게 받아들일 수 있을 것이다. 하지만 지금 우리는 그런 시점에 놓여 있지 않다. 지금 아는 것은 아직 신뢰할 만한 무엇인가를 말할 수준에 이르지 못했다는 것뿐이다.

여기서 우리는 이 문제의 또 다른 측면을 만나게 된다. 우주 상수가 진공 에너지와 연관될 수 있다는 사실은 중력과 입자물리학 사이에 다리를 놓는 것이고, 측정값과 이론의 예측값이 일치하지 않는다는 것은 현실의 근본적 특성에 대한 우리의 생각을 이끌게 될 느낌이 있다는 것이다. 분명히 이는 우리가 앞으로 걷게 될 길이다. 지난 몇 년간 이런 느낌이 우주의 가속 팽창을 '암흑 에너지(Dark energy)'라고 이름 붙인, 알려지지 않은 우주의 구성요소를 바탕으로 해석하려 하는 모형을 대량 생산하게 만들었다.

암흑 물질과 마찬가지로 암흑 에너지도 직접 관찰할 수는 없지만, 중력을 통해, 정확히는 우주 가속 팽창을 통해 그 효과를 느낄 수 있다. 우주 상수는 이 유령 같은 실체의 가장 간단한 버전이기는 하지만 이것만 있는 것은 아니다. 예를 들면, 급팽창에 관해 이야기할 때 이미 언급한 것과 유사한 스칼라장의 존재를 이용해 암흑 에너지를 설명할 수 있다(급팽창은 오래전 매우 짧게 지속된 기간이지만 팽창이 가속화된 기간이다). 하지만 그 가능성의 폭은 무한하다.[30]

전체적인 정황을 바꾸어놓은 전환점에 관해서는 나중에 다시 이야기하겠지만, 일단 지금 우리가 어느 시점에 놓여 있는지 요약해보자. 우리는 우주가 팽창하는 속도를 알아보려 시도하던 중에 팽창이 가속하는 것을 관측했고, 기존의 빅뱅 모형에 추가로 복합적인 내용을 도입해야 한다는 것을 깨달았다. 그래서 추가된 것이 아인슈타인의 우주 상수인데, 현재까지 이 새로운 틀을 통해 관측한 것들을 만족스럽게 설명할 수 있으며, 이 상황이 그보다 훨씬 더 복잡하다고 믿을 다급한 이유는 없어 보인다.

물론 우주 상수와 진공 에너지의 연결로 이론적인 문제가 생겨나면서, 더 많은 것을 알아내려 시도할 가치는 있다. 변화된 것이 중력일 수도 있고, 실제로는 그렇지 않은데 팽창이 가속했다고 해석하게 만든 다른 특정한 효과가 있을 수도 있으니까.

내가 보기에는 암흑 에너지의 '신비'나 기이한 우주 상수 값을 둘러싼 수많은 논쟁이 사실을 근거로 정당화되지 않는 것 같다. 사실 어떤 면에서 보면, 우리는 암흑 물질보다 우주 상수에 관해 더 많은 것을 알고 있다. 우주 상수의 경우 타당성이 높은 중력이론을 바탕으로 한 간단한 설명이 있지만, 암흑 물질은 관측된 것들을 설명할 수 있는 입자를 아직 전혀 알지 못하고 있으며, 설득력 있는 이론 후보조차 없다.

어쨌든 한 가지 확실한 점은 우주의 거대한 움직임을 설명하기 위해 윤곽을 잡는 이 그림은 수십 년 전에 생각했던 것보다 훨씬 더 복잡해졌다는 것이다.

12

기하학

Geometria

1998년은 앞서 내가 표준 우주 모형이라 불렀던 것, 즉 현재 우리가 우주의 복잡한 움직임을 설명하는 데 가장 정확한 개념적 지도가 구축되는 전환점이 된 해였다. 나 역시 이 놀라운 과학적 모험에 직접 뛰어들게 되어 개인적으로도 의미 있는 해였다. 당시 나는 몇 해 전 대학을 졸업하고 버클리 캘리포니아 대학에서 조지 스무트(George Smoot, 1945~) 박사가 이끄는 그룹에 합류할 기회가 생겨 박사 과정을 시작하고 있었다.

당시 조지 스무트 박사는 쉰이 조금 넘은 나이에 우주론 분야에서 이미 상당히 중요한 인물로 자리 잡고 있었다. 몇 년 전, 그는 우주배경복사와 관련해 대단한 성과를 거둔 코비(COBE, Cosmic Background Explorer)라는 나사(NASA) 위성 연구팀의 대표 중 한 사람이었다. 기억들 하시는지? 앞에서 이미 말한 적이 있는데, 펜지어스와 윌슨은 1965년 빅뱅 후에 남은 열을 발견했었다. 이에 관한 내용을 떠올리면서 그 후로 어떤 일이 있었는지 살펴보자.

1960년대 말, 우주배경복사의 발견은 빅뱅 모형을 지지하는 결정적인 증거였을 뿐 아니라, 원시 우주에 무슨 일이 일어나고 있었는지 살펴볼 가능성도 열어주었다. 은유가 아니라, 아주 예민한 안테나로 하늘의 사방을 스캔하고 쏟아지는 원시 광자 비를 수집해, '빅뱅' 이후 38만 년이 갓 지난 시점의 양성자와 전자가 재결합되었을 시기에 우주에 있던 물질의 분포를 이미지화할 수 있게 되었다. 물론 '갓' 지났다는 표현은 상대적인 말인데, 138억 년이나 되는 우주의 역사와 비교하면 38만 년 정도는 아무것도 아니지 않은가? 태어난 지 몇 시간밖에 안 되는 신생아와 여든의 노인을 비교하는 것과 같다.

우리도 알다시피 당시에는 온 우주에 균질한 백열 플라스마가 들어차 있었을 것이다. 하지만 이 균질함은 사실상 불완전할 수밖에 없었다. 원시 플라스마의 밀도가 우주의 모든 지점에서 같았다면, 지금 우리가 우주에서 관찰되는 것은 단 하나도 존재할 수 없었을 것이다. 현재 우리가 관찰하는 우주의 장엄한 구조의 형성과 점진적으로 두각을 드러낸 복잡성, 그리고 궁극적으로 우리의 존재 자체를 설명하려면 작은 이질성이 반드시 필요하다. 사실 중력은 초기에 평균보다 약간 더 많은 물질을 포함하고 있던 우주 영역 주위에서 물질의 밀도를 더 크게 했을 것이고, 시간이 흐르면서 밀도가 높은 이 영역들이 점점 더 높은 밀도를 갖게 됨으로써 은하와 별이 형성되었을 것이다.

방금 내가 스케치한 그림이 현실을 잘 묘사하는 것이라면(그리고 앞에서 본 것처럼 대규모의 구조 계산 시뮬레이션으로 실제로 이렇게 되었을 것이라고 생각하게 된다면), 우리는 우주배경복사의 분포를 재구성해 모든 것이 시작된 초기의 불완전함이 반영된 것을 천체에서 관측해야 할 것이다. 복사의 세기는 하늘의 지점에 따라 약간씩 달라야 한다. 우리가 말하는 차이는 정말 작은 것인데, 온도로 설명하자면 우주의 한 지점과 다른 지점이 수십만 분의 1도 정도 차이가 난다고 할 수 있는 것이다. 천체물리학자들이 수십 년 동안 이러한 차이를 추적했고, 그런 노력 끝에 1992년 조지 스무트 박사가 이끈 코비 연구팀이 이 차이를 찾아냈다고 발표했다.

코비 연구팀에서 제작한 원시 우주 지도는 전 세계 신문의 1면을 장식했고, 성배의 발견과 비교됐으며 스티븐 호킹(Stephen Hawking, 1942~2018)은 "전 시대는 아니라도, 어쨌든 세기의 과학 발견"이라고 정의했다. 조지 스무트 박사 본인도 코비 연구팀의 연구 결과를 발표하는 기자 회견에서 "당신이 종교적이라면 신의 얼굴을 보는 것과 같은 것"이라는 신비한 비유를 사용했다.

광고용 과장이 아니라, 사실상 센세이셔널한 발견이었다. 우주가 밀도와 온도가 높은 상태에서 시작되었다는 것을 또 한 번 증명했을 뿐 아니라, 아주 오래전 우리의 기원을 처음으로 직접적이고 상세하게 관측한 것이었다. 그러니 2006년에 조지 스무트 박사가 노벨 물리학상을 받은 것은 당연했다(연구팀의 또 다른 리더인 존 매더John Mather와 함께 수상). 이 상의 수상 근거 중 하나는 코비 연구팀의 연구 결과가 정밀 우주론 시대의 시작을 알렸다는 것이다.

내가 버클리에 갔을 때는 이런 일들이 있기 전이었지만, 조지 스무트 박사가 노벨상 후보에 오를 수 있다는 것을 다들 당연지사로 받아들이는 분위기였고, 나는 그와 함께 일한다는 생각에 상당히 주눅 들어 있었다. 르네상스 시대의 위대한 화가의 작업실에 불려가 일하게 된 초보 예술가가 된 느낌이 들었다.

코비 연구팀의 연구가 성공을 거두었는데도, 우주론은 여전히 수많은 의혹을 떨쳐내야 했다. 양질의 데이터가 부족하고 대부분의 연구 결과가 정량적인 논의보다는 철학적인 논쟁을 더 많이 하게 될 정도로 불확실했다. 내가 물리학을 공부하던 시절, 재학 중이던 대학에서 가장 연세가 많고 존경받던 교수 중 한 분이 학생들에게 우주의 기원에 관한 연구를 하지 말라고 조언하기까지 했다. 그분 말로는 천사의 성별을 논하는 것과 다름없기 때문이라고. 하지만 상황은 빠르게 변화하고 있었다.

그 시절 버클리는 우주 연구에 관심이 있는 사람들에게 세상의 중심이었다. 가속 팽창을 발견한 사람 중 한 명인 사울 펄무터(그 역시도 나중에 노벨상을 수상했다)도 내 연구실 몇 칸 옆에 있는 연구실을 사용했다. 원시 우주 이론 연구의 개척자 중 한 사람인 조셉 실크(Joseph Silk, 1942~)는 몇 년 후 아주 수준 높은 학자들로 성장할 젊은 연구자 집단에 합류했다(이들 중에는 내 동료 맥스 테그마크Max Tegmark도 있었다). 아무튼 버클리는 세계적으로 유명한 과학자들이 가장 빠른 소식을 전달하거나 아이디어를 교환하기 위해 들르는 곳이었다.

그 엄청난 열기 속에서 우주의 복잡한 습성을 정의하는 몇 가지 매개변수를 정확하게 측정하려는 첫 시도에 나도 참여하게 된 것이다. 내가 참여한 '맥시마(Maxima)'라는 이름의 프로젝트는 우주배경복사 관측의 최고참격인 폴 리처즈(Paul Richards)와 이제 막 박사 학위를 마친 젊고 신선한 두 청년 샤울 하나니(Shaul Hanany)와 애드리안 리(Adrian Lee)가 이끄는 스무 명 정도로 구성된 팀에 의해 진행되었다. 맥시마 연구팀은 기상 관측 기구에 매달린 채 우주배경복사를 관측해야 했는데, 하늘의 아주 좁은 영역에서 코비 연구팀보다 훨씬 더 자세하게 살펴야 했다. 실질적으로 원시 우주의 이미지를 최초로 고해상도로 얻는 것이 문제였다.

맥시마는 상대적으로 규모가 작은 팀이었는데, 훗날 거대한 협력 시스템이 표준이 된 연구들과 비교하면 정말 소규모였다. 다들 서로 협력했고, 실험의 여러 측면을 모두가 공유하고 있었다. 위대한 인물의 작업실에 들어온 순진한 청년이었던 나는 수많은 새로운 것을 밑바닥부터 배워야 했다. 멋진 일반상대성이론 방정식으로 머릿속을 가득 채우고 우아한 논리 계산을 시작할 수 있을 것이라는 꿈에 부풀어 도착한 내게 곧바로 맡겨진 임무는 망원경 조준 프로그램을 작성하는 일이었다. 물론 필요한 일이기는 했지만 그다지 감성적이지 않았고, 내 인생에서 하게 되리라고는 생각해본 적 없는 일이었다.

이후 몇 개월 동안 나는 준비 과정부터 데이터 분석까지 실험의 모든 단계에 참여하게 됐고, 고달프지만 흥미롭고 값진 경험을 했다. 탐지기에서 수집된 날 것 그대로의 누적된 데이터들이 조금씩 초창기 우주의 이미지로 바뀌어가는 것을 보았다. 이제까지 숨겨져 있던 우주의 단면을 처음 보는 사람들의 무리에 섞여 있다는 것은 흔히 겪을 수 있는 경험은 아니다. 그 당시의 나는 이런 깨달음이 전혀 없었다. 하지만 시간이 한참 지난 지금, 20년 전 그날들이 다시 오지 않는다는 것을 너무도 잘 알고 있다.

1999년, 내가 참여한 연구팀은 초창기 우주의 일부를 최초로 상세한 이미지로 재구성하는 데 성공했다. 그런데 이것은 시작에 불과했다. 가장 흥미로운 부분은 이때부터 시작되었다. 적어도 나는 그랬다. 재구성한 이미지를 분석해 그 안에 담긴 모든 과학적인 내용을 추출해야 했기 때문이다. 내가 가장 많이 준비한 부분이 이것이었고, 버클리에 온 첫 번째 이유도 이것 때문이었다.

우주배경복사의 자료에서 우리가 관측한 파동은 호수 표면의 잔물결 사진 같았다. 원시 플라스마의 밀도가 동요하면서 발생한 이 파동은 기체나 유체 속에서 이동하는 음파와 매우 비슷했다. 억지로 끼워 맞춰 비교하려는 것은 아니지만, 이 파동의 분석은 악기에서 방출되는 주파수를 연구

하고 음색을 재구성해 어떤 악기인지 알아내는 과정과 정말 비슷했다.[31)]

내 전문 분야는 우주의 여러 모형에서 만들어진 '음색'을 계산한 후, 실제로 관측된 원시 파동과 '조화'시키는 거였다. 이 두 가지를 대조하면서 우리는 실제 우주를 더 잘 설명하는 매개변수값을 이끌어내고자 했다. 그중 가장 기대되는 것은 수십 년 동안 우주론 연구자들을 괴롭힌 질문, 즉 우주에 얼마나 많은 물질과 에너지가 들어차 있을까에 대한 답을 하는 것이었다. 이는 우주의 형식을 묻는 질문에 대한 답도 얻는 것이었다.

앞부분 어디에선가 프리드만이 처음으로 우주의 큰 규모에서의 기하학적 특성을 연구하고, 우주가 양수나 음수, 혹은 0의 곡률을 가질 수 있음을 증명했다는 말을 한 적이 있다. 그때 내가 말하지 않은 것은 (이 내용은 일반상대성이론으로 확립된 물질과 기하 구조 간의 관계에 함축되어 있다) 우주의 형태가 물질과 에너지의 종합적인 구성에 따라 정의된다는 것이다. 우주의 평균 밀도가 임계값과 같으면, 우주의 전체 곡률은 0이 되는데, 이 경우 거시적인 우주 기하 구조는 가장 단순한 기하학, 즉 우리가 어릴 때부터 배웠고 평면에 적용되는 유클리드의 기하학이 된다(물론 우주는 3차원이지만 핵심은 같다). 밀도가 이 임계값보다 크면 우주의 곡률은 양수가 되고, 적으면 음수가 된다.

우주에 있는 것 대부분이 직접 눈에 보이는 것이 아니므로 평균 밀도를 직접 측정하기는 어렵다. 하지만 기하학과 우주의 내용물 간의 연관성이 이 어려움을 해결할 단서를 제공한다. 우리가 대략적인 우주의 곡률을 측정하는 데 성공한다면, 이미 그 밀도도 측정한 것이다. 그런데 어떻게 이 곡률을 측정할 수 있을까?

원시 광자의 세기 요동은(맥시마 실험에서 나온 바와 같이 이미 지상에서 반점으로 나타난다) 하늘에서 보통의 크기를 갖는데, 이 크기는 우주의 기하 구조에 따라 크게 달라진다. 실질적으로 자연이 우주 반대편에 우리와 아주 멀리 떨어진 거리에 눈금이 있는 자를 두고 있는 기쁨을 선물한 것이나 다름없다. 공간의 곡률은 렌즈와 같은 역할을 해서 이 자를 더 크게, 혹은 더 작게 보게 해줘서 우리가 우주의 기하 구조를 정확하게 판독할 수 있게 되는 것이다. 하지만 이 자를 보려면 좋은 공간 분해능(分解能)이 필요한데, 코비는 그런 분해능이 없었지만 맥시마는 갖고 있었다.

우리는 1998년부터 1999년까지 버클리에서 열기로 가득한 몇 개월을 보내게 되었다. 맥시마의 이미지를 신중하게 연구하고 여러 이론 모형과 대조하면서 조금씩 우리 우주가 유클리드 기하 구조를 따른다는 것을 밝혀냈다. 공간은 대규모로 봤을 때 평평하고, 이것은 우주의 밀도가 임계값과 같다는 것을 의미한다. 우리는 마침내 우주의 '무게를 재는 데' 성공했다.

사실 우주의 무게 측정에 처음 성공한 것은 우리가 아니었다. 맥시마와 함께 만들어졌다가 나중에 별도의 길을 택한 '부메랑(Boomerang)'이라는 연구팀이 일주일 정도 먼저 발표해 2000년 4월호 《네이처(Nature)》의 표지를 장식했다.[32] (우리의 연구 결과는 다른 권위 있는 잡지 《천체물리학 저널(The Astrophysical Journal)》에 실렸고, 그걸로 만족해야 했다.)[33] 어찌 됐든 중요한 것은 그 시기 우리가 우주에 관한 중요한 사실, 당시까지 알지 못하던 것을 알아냈다는 점이다. 그리고 우리는 우주배경복사의 요동에 관한 연구가 우주 모형의 매개변수에 대한 아주 정확한 정보를 제공할 수 있다는 점도 증명했다. 그렇게 우주론은 정밀한 과학이 되었다.

13

미지수

Incognite

우주에 관한 많은 길을 걸어왔으니 잠시 멈춰 숨을 고르고 주변 풍경을 살펴보자. 우리 앞에는 두말할 것 없이 매력적인 풍경이 펼쳐져 있다. 어떤 부분은 시야가 아주 맑고 윤곽이 뚜렷하다. 하지만 이쪽과 저쪽에는 짙은 안개에 휩싸인 지역도 있다. 우리가 이 여정의 II부를 시작했을 때, 우주가 균질하고 등방하며, 팽창하고 있고 과거에는 더 뜨겁고 밀도가 높았다는 사실을 깊이 신뢰할 수 있었다. 하지만 그 외에는 아는 것이 별로 없었다. 이것들은 고전적인 빅뱅 모형의 기본적인 요소들이기는 하지만 대부분 성질에 관한 측면이다. 우리가 찾던 것은 더욱 정확하고 상세한 지도다.

되도록 더 현실적인 것을 원하고.

이러한 지도의 조각들은 지난 세기 몇십 년간 조금씩 수집한 것으로, 1990년대에 맞춰지기 시작해 새천년이 시작될 때 완벽하게 봉합되었다. 이렇게 만들어진 지도의 모양은 일관성은 있지만 다소 당혹스러웠다. 이 지도에 나타난 것을 요약해 눈앞에 모두 펼쳐 놓아보자.

우주의 평균 밀도는 임계값과 같다. 여러분이 평균 밀도를 기하학적인 방식으로 보고 싶다면,

우주 공간의 곡률은 큰 규모에서 0이다. 말하자면, 우주가 평면이라는 것이다. 이것은 우주배경복사의 요동을 관측해 알고 있는 것인데, 개인적으로는 사실이 아니라면 내 모든 것을 걸 수 있다. 내가 도박을 하는 사람이면 큰돈을 걸 수 있다. 여러분이 보다시피 나는 결론부터 말했는데, 그래야 다른 결론도 곧바로 볼 수 있기 때문이다. 다시 말해,

우주의 모든 원자는 임계 밀도의 약 5퍼센트밖에 되지 않는다. 이것은 '빅뱅' 이후 최초 몇 분간 대량 생산된 가벼운 원소들을 연구해 알게 되었다. 이 내용도 아주 확고한 결론이다. 이외에도 우주배경복사의 요동 분석을 통해 따로 확인되기도 했다. (이 부분에 관해서는 상세하게 다루지 않겠지만 여러분이 믿으셔도 된다.) 이러한 내용을 토대로 다음과 같은 결론을 내릴 수 있다.

우주의 95퍼센트는 우리가 잘 아는 원자 물질과 완전히 다른 것으로 이루어져 있다. 이 점에 대해서는 별로 논의할 것이 없다. 이전의 두 가지 사실을 있는 그대로 받아들인다면 논리적인 추론이 가능한 부분이다. 그 논리적 결과는 우리가 만들었거나 접했던 모든 물질이 우주 전체의 물질 목록에서는 아주 미미하다는 것이다. 물론 받아들이기 힘든 결론이다. 하지만 내 생각에는 피할 수 없는 사실인 것 같다.

그러니 우리는 우주의 그 95퍼센트가 무엇으로 이루어져 있는지 알아봐야 한다. 일단 우리가 안다고 생각하는 것은 다음과 같다.

우주의 내용물 중 약 25퍼센트가 비원자 유형의 암흑 물질이다. 은하의 회전 곡선에서부터 은하단 내 은하들의 은하의 움직임, 대규모 우주 구조 형성 시뮬레이션, 우주배경복사의 요동에 이르기까지 사람들이 내놓은 각자의 증거는 수없이 많다. 이 증거들은 같은 방향을 향하고, 현재 이 모든 증거를 만족스러울 정도로 설명하는 유일한 가설은 우리가 아직 실험실에서 관측해내지 못한 차가운 암흑 물질 입자가 존재한다는 것이다. 완벽하게 들어맞지 않는 세부사항이 몇 가지 있어서, 이 입자가(아마 하나 이상이어야 할 것이다) 정말 존재한다는 직접적인 증거가 나올 때까지는 의문이 제기될 만한 가설이다. 이러한 증거가 나오려면 얼마나 기다려야 할지는 분명치 않다. 게다가 지금까지 대안으로 제시된 내용은 설득력이 없다.

우주의 내용물 중 약 70퍼센트는 빈 공간의 에너지(혹은 우주 상수)다. 이것은 우주가 팽창하는 방식에서, 즉 팽창이 가속화되는 것처럼 보인다는 것 때문에 우리가 알게 된 것이다. 하지만 이러한 결론을 더 뒷받침하는 이유가 적어도 두 가지는 더 있다. 첫 번째는 물질을 (암흑 물질이든 아니든) 30퍼센트만 포함하면서 관측된 속도로(즉, 우리가 측정한 허블 상수를 통해 나온 속도) 팽창하는 우주는 그 팽창이 아주 최근에 시작됐어야 한다. 바꿔 말하면, 우주가 그 안에 포함된 별의 나이보다 더 어리다는 말이다. 앞뒤가 맞지 않는다. 또 한 가지 이유는, 우주에 물질만 있다면 임계 밀도에 도달하기 위한 70퍼센트가 부족하다는 것이다. 하지만 진공 에너지를 생각한다면, 이 모든 상황이 완벽해진다.

따라서 우주의 내용물 중 95퍼센트가 알려지지 않았고 보이지도 않지만, 데이터를 올바르게 설명하는 듯 보이는 가설들이 있다. 이론적인 관점에서는 기초적인 수준에서 현실에 대한 확고하고 만족스러운 그림이 없기 때문에 아주 혼란스러운 상황이다. 그래서 상당히 놀라울 수 있다. 여기서 주의해야 할 점은 새로운 이론의 시나리오가 지금까지 누적된 모든 증거와 호환이 되어야 한다는 점이다. 모든 연구자에게 행운을 기원한다. 그리고 마지막으로 한 가지가 더 있는데, 이게 아주 중요하다.

원시 우주에는 대규모 구조의 기원을 아주 잘 설명하는 작은 불균질성이 포함되어 있었다. 간단히 말하면, 우리가 중력이 은하와 은하단 등을 형성하게 만든 씨앗을 찾아낸 것이다. 그 자체만으로도 흥미롭지만, 이제까지 내가 말하지 않은 또 다른 것이 있다.

현재 이 초창기 불균질성의 출현을 설명할 수 있는 최선의 방법은 급팽창 모형이다. 기억하는지? 급팽창 모형은 우리 우주가 원래 가속화된 방식으로 아주 짧은 기간 동안 급팽창한 시공간 영역이었다는 개념이다(미지의 스칼라장에서 만들어진 진공 에너지가 문제일 수 있다는 점은 같지만, 이 가속화는 지금 우리가 관측하는 가속화와는 다르다. 상황을 복잡하게 만드는 것 같지만, 서로 같은 스칼라장으로 두 가속 단계 모두를 설명할 수 있다고 한다면 석연치 않은 부분이 생겨난다).

이 과정의 자연스러운 결과로 초창기 요동이 발생했을 수 있다. 사실상 급팽창이 초기 시공간의 미세한 거품 속에 존재하던 시공간의 작지만 사라지지 않는 진동을 증폭시켜, 거시적인 규모의 밀도 교란으로 변화시켰을 것이다. 흥미로운 것은 이후 코비 연구팀에서 관측한 우주배경복사의 요동이 급팽창 모형에서 예측한 바로 그 특성을 지녔다는 점이다. 하지만 대안으로 제시된 다른 이론들은 데이터와 맞지 않는다.

결정적인 논제는 아니지만, 급팽창 모형을 지지하는 좋은 논제인데, 우리는 여기에, 여러분도 기억하겠지만 임계값에 매우 근접한 밀도의 우주(혹은 평평한 우주)를 만들기 위해 의도적으로 급팽창 모형을 만든 것이고, 실제로 관측을 통해 증명되고 있다는 점을 덧붙인다. 하지만 내가 보기에 급팽창의 증거로 사용될 수 있을지는 상당히 의심스럽다. 어쨌든, 믿음이 가는 다른 증거가 없어도 이제 급팽창 모형은 우리가 가진 최고의 우주 모형 중에서도 중요한 부분이다.

내가 위에 정리한 요점들이 현재의 표준 우주 모형, 혹은 지난 몇십 년 동안 수집한 모든 관측 결과와 일치한다고 해서 '조화 모형'이라고도 하는 모형의 뼈대가 되고 있는 것들이다. 이 모형은 우주를 잘 설명하지만 아직까지 우리가 완벽하게 초점을 맞추지 못한 요소도 함께 갖고 있다. 우리가 직접적인 경험을 한 적이 없는 새로운 우주의 요소를 적어도 두 가지는 도입하므로, 예상할 수 있는 것보다 훨씬 더 복잡한 모형이다. 누군가는 우아하지 않다고 말할 수 있지만, 물리학에서 우아함의 개념은 동기가 있어야 얻어지는 것이다. 결국, 몇 가지 안 되는 수치와 우리가 아는 물리학에서 완전히 자리를 잡은 모형을 가지고 우주 전체의 습성을 설명할 수 있을지는 예측할 수 없는 일이다. 우리가 그 예측을 해야 한다는 명분은 없다. 하지만 한 세기도 채 안 되는 기간에 이 많은 것들을 달성했고, 이것들은 우리를 경이로움으로 가득 채우는 놀라운 결과다.

문제는 여기서부터 어디로 가야 할 것인가다. 표준 우주 모형의 조각들은 기본적으로 새천년이 시작될 때 이미 자리를 잡고 있었다. 그런데 그 후 무슨 일이 있었나? 대답은 실망스럽기 그지없게, 놀랄 정도로 별일 없었다.

이밖에 다른 실험들은 우주배경복사의 요동에 관한 연구를 통해 실질적인 모든 관련 정보를 이끌어냈다. 2003년 코비의 업데이트 버전인 나사의 더블유맵(WMAP, Wilkinson Microwave Anisotropy Probe)이라는 연구팀의 위성이 천구 전체의 배경복사를 고해상도 이미지로 만들고, 우주의 곡률과 평균 밀도뿐 아니라 우주의 나이 및 우주에 포함된 암흑 물질의 양과 에너지와 같은 다양한 매개변수를 상당히 정확하게 측정했다. 그로부터 10년 후, ESA(내가 수년간 몸담았던 국제 협력 연구팀이다)의 플랭크(Planck) 위성이 이전의 측정 결과를 더 개선해 최소한 온도 요동의 분석과 관련해서는 우주배경복사에 관한 연구의 시대를 성공적으로 마무리했다.

다른 우주론 연구들도(대규모 구조에 관한 연구부터 먼 은하의 속도 측정에 관한 연구까지) 훨씬 더 높은 수준의 정확성에 도달했다. 우리에게 상당한 고품질의 새로운 데이터들이 넘쳐나게 되었고, 기존 우주에 관한 그림의 아주 미세한 부분들을 재구성하는 데 동원했던 세심함과 정교함을 조금도 깎아내릴 필요는 없다. 다만 요점은 최근 몇 년간 나온 것 중 그 어떤 것도 전체적인 형세를 극적으로 변화시키지 못했다는 것이다. 암흑 물질이 아직도 저기쯤 있는데, 우리는 그게 뭔지 모른다. 우주 상수는 우주 가속화를 설명하는 데 최선의 선택지이지만, 이론적인 면에서 여전히 의혹이 남아 있다. 급팽창 모형은 우주의 첫 순간들을 설명할 수 있는 가장 좋은 개념이지만 잘 정의되어 있거나 인과관계가 명확한 모형은 아니다. 최악인 점은 저 먼 풍경의 그림자 부분을 비출 수 있는 빛이 있을 거라는 보장이 없다는 것이다. 간혹 작은 변수로 보이는 것들이 나올 때마다 우리가 따라야 할 새로운 길을 알려 줄 것이라는 희망을 품고 반겼지만, 진실을 파보면 의미 있어 보이는 것은 단 하나도 없었다.

다시 말하지만, 단 하나의 이론적 그림으로 지난 수십 년간 엄청난 노력과 시간을 써가며 매우 다양한 수단과 방법을 동원해 누적된 엄청난 양의 관측을 통해 해석해낼 수 있었다는 사실을 과소평가하면 안 된다. 하지만 진행 속도가 더딘 것은 부정할 수 없다. 표준 우주 모형이 형태를 갖춘 이후로 20년이 흐르는 동안, 기존의 시나리오에서 본질적인 변화는 없다. 하지만 20년 전에는 급팽창에 관한 이야기는 나오지도 않았고, 암흑 물질이나 우주 상수도 없었으며, 허블 상수값이나 우주 밀도도 몰랐다. 그 20년보다 더 전에는 빅뱅 모형이 정상 우주 모형보다 낫다는 것조차 몰랐다.

나는 아주 운이 좋게도, 극히 일부만 진지하게 받아들이는 학문적 영역에서 살아 움직이는 풍부한 데이터와 결과를 가진 과학의 영역으로 발전하기 시작하던 무렵에 학계에 입문했다. 내가 헌신하고 열정이라는 것의 맛을 알게 해준 (개인적으로 운이 좋은 상황 덕에 내 젊은 시절의 추진력과 열정이 완벽하게 일치했다) 그 움직임이 지금은 다소간 쇠퇴했다. 지금은 다음 단계로 가기에 몹시 어려운 단계에 있다. 침체기라고 표현하면 조금 과할 것 같고 원숙한 나이에 느껴지는 느림과 비슷해 보인다. 한계에 직면해 성찰하고 할 일과 알아야 할 것이 무엇이 남았는지 자문하기 시작하는 그런 시기로 느껴진다.

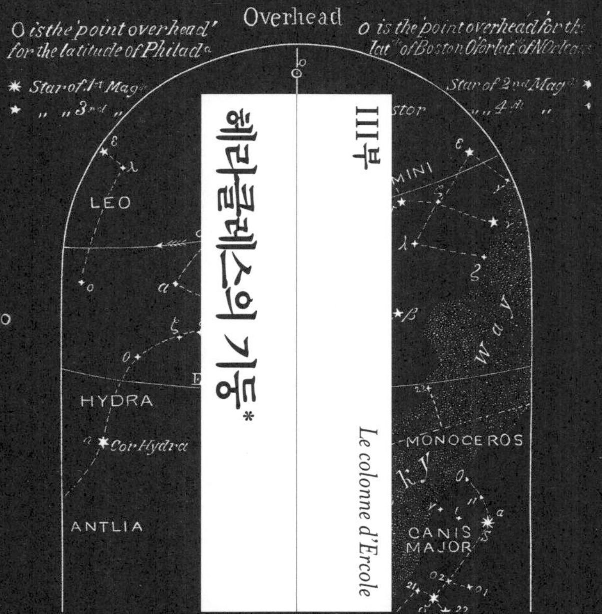

III부 헤라클레스의 기둥*

Le colonne d'Ercole

결국 우리는 어두움의 경계, 우리 망원경의 극한에 도달한다.
거기서 그림자를 측정하고 파악하기 어려운 오류 중에서
거의 눈에 보이지 않는 기준점을 찾는다.

—

에드윈 허블(Gregory Bateson, 1904~1980),
《성운의 왕국, 실리만 기념 강의 시리즈(*Realm of the Nebulae: The Silliman Memorial Lectures Series*)》

---

* 지중해 지브롤터 해협을 사이로 유럽과 아프리카 양쪽의 큰 바위산. 더는 앞으로 갈 수 없는 지점을 뜻한다.

14

한계

Limiti

내가 우주에 관해 우리가 알고 있는 지식의 한계를 성찰하기 시작한 것은 2009년이다. 이 무렵 내가 참여하고 있던 플랭크 연구 협력단의 수많은 회의 중 하나를 마치고 돌아오던 길에 시작되었다. 그 회의는 기초질문연구소(Foundational Questions Institute, 혹은 FQXI)[34]에서 기획해 경연 형태로 개최되었는데, 이 기초질문연구소는 그 몇 해 전 내 동료 맥스 테그마크와 안토니 아기레(Anthony Aguirre)가 함께 만든 학제를 넘나드는 학자 모임이었다. 이름에서 짐작이 되겠지만, FQXI는 현실과 지식의 기초에 관한 의문에 관심이 있는 학자들을 불러 모았다. 다양한 학계에서

온, 매우 이질적인 철학자와 과학자 그룹으로, 가끔 모여 아주 흥미롭지만 잘 정의된 학문 분야에서 다루기 어려운 문제들을 논의했다.

그해, FQXI는 '물리학에서 궁극적으로 가능한 것은 무엇인가?'라는 주제로 출간한 과학 에세이로 상을 받았는데, 이 질문이 내 머릿속에 맴돌았다. 나는 비행기에서 우주에 관한 우리의 이해와 그 한계에 관해 생각했고, 혹시 이미 우주에 관해 너무 깊숙하게 파고든 건 아닐까 하는 생각이 들었다. 아마도 우주배경복사 관측에 관한 한 최고의 정확도를 달성하려는 목적에 집중하는, 사업적 생산성을 기준으로 조직된 수백 명의 국제 연구 협력단의 일부가 되려는 연구자들의 열망도 어느 정도 관련이 있을 것이다. 사실상 이 목적이 중요한 부분으로 여겨지고 최대한 집요하게 추구할 가치가 있었을지 모른다. 그러나 그 모든 노력과 그 모든 원격 학술대회, 정례 회의, 지구 반대편에서 이쪽으로 여행의 결과가 새로운 국경과 새로운 풍경을 여는 것이 아니라 이미 얻은 결과를 간신히 다듬는 것일 뿐일 수 있다는 의심을 떨쳐내기 힘들었다. 수년 전에 우주를 완전하게 설명하는 과학의 능력에 관한 호킹의 말에 빠져든 적이 있다. 그런데 이제 그의 말이 오만할 뿐 아니라 처절할 정도로 순진하게 여겨지게 되었다.

어쨌든, 그 후로 나는 우주론의 한계에 관한 에세이[35] 작업을 했고, 이것이 내가 FQXI로 들어가는 계기가 되었다. 물론 그때부터 존경하던 인물들과 함께 이런 유형의 의문들을 계속 다룰 수 있게 되었고 말이다. 그렇게 몇 년 동안 FQXI의 정례 회의뿐 아니라 2013년에는 산타크루즈 캘리포니아 대학 우주철학연구소(Institute for the Philosophy of Cosmology)의 연구에 3주간 참여하면서 우주에 관한 우리의 지식 상태를 비판적으로 다룰 기회를 여러 번 얻을 수 있었다. 당시 이런 문제들에 관해 내가 했던 고민은 이 책에서도 다룰 것이다.

물론 우리의 지식에는 일반적인 한계가 있고, 관련된 학문이 한 가지만 있는 것은 아니다. 예를 들어, 물리학을 처음 배우는 학생들에게 가장 먼저 가르치는 것 중 하나가 그 어떤 측정도 끝없이 정확할 수는 없다는 것이다. 오류는 항상 존재하므로, 올바른 과학자로서 우리의 임무는 한편으로는 최대한 이 오류를 줄이고 다른 한편으로는 실체를 평가하는 방법을 아는 것이다. 한계에 관한 지식은 자연을 탐색하는 사람들에게는 평범한 일 중 하나다.

우리가 세상에 관해 알고 있는 것은 우리가 가진 조사 수단의 장점이 반영된 것이다. 우리가 접근한 현실은 일상적인 감각이나 기술이 제공한 진보를 통해 인식할 수 있다.

그래서 세상의 요소들은 각 시대에 우리가 얻을 가능성의 변화에 따라 달라진다. 18세기 과학자의 비전에는 원자나 바이러스, 은하, 전기장, 암흑 물질이 포함되지 않았다. 우리는 아직까지 우리에게 알려지지 않은 '실질적인 대상'의 실체를 후손들의 보관함에 넣게 될 가능성을 열어둬야 한다. 다른 한편으로 우리 시선의 궁극적인 한계를 인식해야 한다. 앞으로 보게 되겠지만, 우리가 점점 더 멀리, 혹은 점점 더 깊이 볼 수 있을지 없을지는 여전히 미지수다.

지각적 한계와 함께 우리의 인지적 한계도 염두에 두어야 하는데, 특정한 방식으로 우주를 이해할 수 있다는 사실 자체는 놀랍지만, 그 너머에 인간이라는 존재가 저 너머에 있는 모든 것을 이해할 수 있을지는 전혀 분명하지 않다. 인간 중심적 사고가 죄악일 수 있는 것이고 말이다.

과학은 철학자 토머스 네이글(Thomas Nagel, 1937~)이 '어디에나 있는 시선'[36]이라 부른 것, 즉 특정한 관찰 지점에 얽매이지 않으려고 끊임없이 갈망한다. 편견이나 개인적인 취향, 열망에서만 자유로운 것이 아니라, 공간이나 시간의 어느 한 위치에서 갖게 되는 관점으로 변질되지 않고 현실을 객관적으로 바라보는 시선을 원하는 것이다. 직관이나 즉각적인 경험이 논쟁의 여지가 없어 보이게 만드는 수많은 것들이 실제로 근거가 없거나 잘못되었음을 깨닫게 해준 것이 바로 이 명확하고 왜곡되지 않은 비전에 관한 연구 덕분이다. 예를 들어, 우리가 우주의 중심에 멈춰 있지 않고 눈에 보이는 것과 달리 평평한 표면에 살고 있지도 않다는 것이 그렇다. 그리고 우리는 빛보다 훨씬 느린 속도로 이동하는 존재이고 상대적으로 중력이 약한 행성에 사는 존재라는 사실에 영향을 받기 때문에, 공간과 시간에 대한 우리의 일반적인 생각은 잘못된 부분이 있고, 불완전하다.

불행하게도 우리의 뇌를 구성하고 호기심이 많아지게 해 질문을 하고 지식에 관한 급한 마음과 열망을 느끼게 만든 자연 선택의 과정이 우리가 세상을 보는 방식에 기만적인 인식과 환상, 한계와 같은 것을 갖게 만들었다. 과학이 우리 눈의 수정체를 씻기 위해 온갖 노력을 하지만, 우리는 수많은 종류의 동물 중 하나일 뿐이다. 생물학적 진화에 관한 연구에서도 인간은 진화 과정의 정점이 아니라, 그 과정에서 우발적으로 발생 가능한 불완전한 결과물 중 하나임을 알 수 있다.

우리는 절대적인 지능의 정점이 아니다. 지구에는 우리와 거의 비슷한 수준의 지능을 갖춘 동물 종들이 있다(물론, 지금은 멸종된 다른 인간 종도 있었다. 우리와 비슷한 수준의 인지 수준을 지녔을 가능성이 큰 네안데르탈인을 예로 들 수 있다). 하지만 돌고래나 보노보 같은 동물은 과학을 발명하지 못했다. 그리고 지능이 아주 높은 침팬지에게 최선을 다해 전자기장이 무엇인지 설명해볼 수는 있지만, 결코 이해시킬 수는 없을 것이다. 여기서 우리는 겸손의 교훈을 떠올려야 한다. 우리가 안다고 생각하는 것을 보고 코웃음을 치고 몇 가지 현실적인 측면이 우리가 건드릴 수 있는 범위를 뛰어넘는다는 것을 아는, 놀라울 정도로 우리보다 더 지능적인 존재는 상상할 수 없다. 그렇다고 공상과학에 시비를 걸 필요는 없다. 지난 4세기 동안의 과학사를 살펴보고 한 세기 동안, 혹은 천 년이라는 시간 동안 우리가 얼마나 많은 것을 알아낼 수 있을지 상상해보라. 누군가는 미래에 인공지능이 인간의 주도권을 빼앗고, 인류가 능력 부족으로 진입할 수 없는 영역을 탐험하게 될 수 있을 것이라는 생각에 동조하기도 한다. 그것이 현실적인 생각인지, 그냥 바라는 바인지는 나도 잘 모르겠다. 하지만 우리에게 이런 문제가 던져진다는 것 자체가 어떻게 보면 우리의 지능이 있는 그대로의 상태로 현실적으로 문제를 해결할 수 없을 수도 있다는 것을 이미 인지하고 있음을 증명하는 것이다.

우리는 우주의 역사 중 어느 한순간에 수많은 행성 중 한 곳에서 우연히 나타났고, 그 행성에서 밖을 내다보며 세상과 세상의 규칙을 알아내려 하고 있다. 광산에서 다이아몬드를 캐는 것처럼, 우리는 어떤 것이든 현실의 조각을 얻기 위해 땀 흘리며 노력해야 한다. 그리고 어디서든 볼 수 있는 시선을 얻기 위해 갖은 노력을 하는 중에도, 우리가 실제로 갖고 있는 모든 것이 여기에서 바라보는 시선이라는 것을 항상 인식하고 있어야 한다.

기본적으로, 무한한 지식에 관한 주장 뒤에는 종교적인 사고방식이 깔려 있다. 현실에 관해 완벽하게 명확하고 객관적이며 총체적인 시각, 즉 신이 그의 창조물을 외부에서 바라보는 시각이 존재할 수 있다는 생각이 자리 잡고 있는 것이다. 궁극적이고 결정적인 진실이 존재한다는 생각이 의미가 있다고 해도(나는 그런 존재가 있을지 의심하는 입장이고, 그런 진실을 안다고 주장하는 사람은 당연히 믿지 않는다), 그 진실을 찾는 것은 과학의 몫이 아니다. 대신 과학이 바랄 수 있는 것은 본질적으로 인간적인 것, 다시 말해 우리의 정신적 구성과 경험의 데이터 속에서 진실에 부합할 가능성이 가장 큰 것, 즉 한계가 있는 것을 찾는 것이다.

그래서 나는 우리가 알거나 알 수 있는 것의 한계에 관해 의문을 품는 것이 지적으로 정직한 행위일 뿐 아니라, 사실상 그 자체가 연구이며 그 연구의 목적을 명확히 하고 정의하는 데 도움이 될 수 있다고 생각한다.

15

지평선

Orizzonti

우주에 관해 이야기하자면 우리는 어떤 것을 말할까? 몇십 년 전, 칼 세이건(Carl Sagan, 1934~1996)이 유명한 텔레비전 프로그램 〈코스모스(Cosmos)〉를 시작할 때 "우주는 현존하거나 존재했거나 존재할 모든 것이다"라는 말을 했다.[37] 사전을 검색해보면 칼 세이건이 내린 정의를 확인할 수 있는데, 트레카니(Treccani) 사전에 따르면 우주는 '존재하는 모든 물체와 모든 자연 현상의 기반이 되는 환경'이라고 정의되어 있다.

우리는 여기서 조금 더 명확하게 들어가보자. 우주는 존재하는 모든 것일까, 아니면 우리가 관찰할 수 있는 모든 것일까? 여기서 존재의 개념 자체를 둘러싼 미세한 철학적 구분이 시작된다. 현실주의자는 누가 관찰을 하든 안 하든, 저 밖에는 무엇인가 있다고 생각한다. 수많은 과학자들이(아마 대부분일 것이다) 이런 해석에 동의하는 편이다. 결국, 스스로 존재하는 무엇인가 있다는 확신 없이는 과학을 할 수 있다는 상상을 하기가 어려운 것이다. 어쨌든 우리의 관찰과 상관없는 현실의 존재에 관해 어떤 관점을 갖지 않아도 과학 연구의 대상인 우주가 우리의 관찰을 통해서만 접근할 수 있는 곳이라는 점에는 의심의 여지가 없다.

앞으로 나는 이 우주를 '관찰 가능한 우주'라고 부를 건데, 이 우주는 칼 세이건이나 사전에서 정의한 우주가 아닌, 우리 모두가 생각하는 우주일 것이다. 물론 존재하는 모든 우주가 아니라 일부에 지나지 않겠지만. 이 공간과 시간 속 우리의 위치에서는 현실의 한정된 부분만 관찰할 수 있으니 말이다. 기술적인 한계가 아니라, 우리가 아는 한 피할 수 없는 장벽 때문이다.

그 장벽이 무엇인지 알려면 빛의 속도가 유한하다는 사실부터 출발해야 하는데, 이것은 짐작할 수 없는 것이다. 수 세기 동안 물리학자들은 빛의 신호가 순간적으로 전파되는지 그렇지 않은지 여부를 두고 논의를 했고, 결국 실험을 통해 아니라는, 즉 빛이 공간의 한 지점에서 다른 지점으로 이동하는 데 유한한 시간이 소요된다는 결론을 내렸다.[38] 알베르트 아인슈타인은 한 걸음 더 나아가 상대성이론을 기초로(따라서 모든 현대 물리학을 바탕으로) 진공 상태에서 빛의 속도는 자연 상수이고, 모든 관찰자에게 같다는 사실을 더했다. 여러분이 무엇을 하든, 빛의 속도는 항상 정확하게 초속 299,792,458미터가 나온다. 여기서 비롯된 결과 중 하나는, 공간 속에서 빛보다 더 빨리 전파될 수 있는 정보는 없다는 것이다.

하지만 우리는 우주 공간의 다른 지점에서 날아오는 신호를 통해 우주를 연구한다. 결론적으로 우리가 수신하는 모든 정보는 아주 먼 지역의 과거에 관한 정보인 것이다. 우리는 이런 근본적인 사실을 직접적으로 경험해볼 수 없는데, 일상생활에서 우리 주위의 빛이 우리에게 도달하기까지의 시간이 아주 짧기 때문이다. 하지만 여러분이 사랑하는 사람의 얼굴을 볼 때, 여러분은 1초 중 아주 짧은 시간 전, 즉 빛이 상대방의 얼굴에서 여러분의 눈을 향해 출발한 때의 이미지를 보는 것이다. 어떤 의미로 보면 우리가 보는 것은 이미 바뀌어 있으니 우리 주변은 온통 망령으로 가득하다고 볼 수도 있다.

시선을 멀리 보내면 보낼수록 우리가 이미지를 수신하는 시간이 더 지연되는데, 햇빛이 우리에게 도달하는 시간은 태양의 표면에서 빛이 출발한 때부터 약 8분 후다. 밤에 하늘에서 맨눈으로 볼 수 있는 별빛은 수십, 수백 년 전에 출발한 것이다. 그리고 망원경으로 보이는 아주 먼 은하는 수억 년 전, 심지어 수십억 년 전의 모습이다.

이런 점 때문에 망원경이 타임머신이라는 말도 자주 나오는데, 우리가 우주 먼 곳을 바라보면 우주의 과거를 보는 것이다. 경이로움이 느껴지고, 고고학자처럼 아주 오래전의 시대로 거슬러 올라가 말 그대로 우주의 역사를 조사할 수 있게 해주므로 천체물리학자들의 연구에 더없이 유용한 자연의 특성이다.

자연이 우리에게 주는 이러한 가능성은 예측할 수 없는 것이다. 우주가 시간의 흐름 속에서 진화하지 않았다면(정상 우주론의 지지자들이 이런 생각을 갖고 있었다), 점점 더 멀어지는 지역을 보면서도 아무런 차이도 발견할 수 없을 것이다. 우주에 관한 연구도 거의 똑같은 이미지 수집에 지나지 않을 거고. 하지만 우주는 변화한다. 그래서 물리적 한계(빛의 속도의 유한성)가 우리에게는 좋은 힌트가 되어 우주의 역사가 흐르는 동안 겪었던 다양한 상태를 직접적으로 볼 수 있다.

그러나 이 경이로운 사실 뒤에는 몇 가지 단점이 숨어 있다. 아주 명확한 첫 번째 단점은 먼 거리를 본다는 것 자체가 상당히 어렵다는 것이다. 멀면 멀수록 관측 대상이 흐릿해지고 크기도 작아지니까 말이다. 하지만 팽창 중인 우주에는 더 복잡한 문제들이 있다. 전자기 신호가 적색 이동 때문에 스펙트럼이 가시 영역 밖으로 치우치는 것도 문제다. 관측 대상들의 특성이 시간이 흐르면서 변화하는 것도 문제가 된다. 우리가 멀리 내다보면 내다볼수록 점점 더 젊은 물체들을 보게 되는 것이다. 예를 들어, 아주 먼 은하들은 우리 우주의 은하와 상당히 달라 보인다. 은하의 수도 달라지고, 심지어 특정 지점에서 더 멀리 떨어진 곳을 보면 별조차 보이지 않는다. 별이 보이지 않는 이유는 간단하다. 아직 별이 형성되지 않았기 때문이다. 그러니 천문학 자료를 해석할 때 우리가 관측한 물체의 물리적 특성 진화와 관련해 발생 가능한 영향을 고려해야 한다.

그런데 더 근본적인 한계가 있다. 우주가 영원하지 않다면, 빛이 공간을 통해 이동할 수 있는 시간이 한정되어 있다. 이것은 우리가 우주 전체를 관측할 수는 없고, 한정된 영역만, 즉 빛이 우주가 시작된 때부터 현재까지 이동할 수 있었던 곳까지만 관측할 수 있다는 것을 의미한다.

달리 말하면, 우주에 '지평선'이 있다는 말이다. 우리는 동그란 정보의 거품 속에 갇혀 그 지평선 너머는 볼 수 없다. 거품 밖에 또 다른 우주가 있을 거라 추정되지만, 관측할 수가 없다. 물론, 이 지평선은 우주의 가장자리가 아니고 우주도 구형이 아니다. 지구의 지평선에서와 마찬가지로, 우주에서 우리의 위치를 변경할 수 있다면 지평선의 둘레도 변할 것이고, 우리는 우주의 다른 영역들을 보게 될 것이다. 하지만 우리가 직접 탐험할 수 있는 우주의 규모에는 어쩔 수 없는 한계가 있다는 결론은 똑같다.

우주 지평선의 존재는 빛이(혹은 기타 다른 신호) 공간을 이동하는 데 걸리는 시간에 제한이 있다는 사실과 밀접한 관련이 있다. 그래서 우리는 빅뱅 모형에서 138억 년 이전으로는 거슬러 올라갈 수 없다. 반면, 영원하고 변하지 않는 우주라면 지평선이 없을 것이다. 이 우주에서는 매 순간 멀리 떨어져 있는 임의의 지역에서 오는 신호를 받을 수 있는데, 이 신호는 엄청나게 오랜 시간이 걸리더라도 충분한 시간 동안 이동해 우리에게 전달될 것이다.

기이하게도 우주 지평선의 개념에 관해 문서로 기록된 최초의 언급은 과학 논문이 아닌, 위대한 선구자적 시인 에드거 앨런 포(Edgar Allan Poe, 1809~1849)의 마지막 작품에 나올 법한 내용이었다. 그의 산문시 〈유레카(Eureka, 1848년에 출간되어 당시의 과학 지식뿐 아니라, 그 시기 유행하던 유심론적 형이상학에서도 영향을 받은 우주론적 공상을 담은 시)〉에서 에드거 앨런 포는 '올베르스의 역설(Olbers' paradox)'로 유명한 현상에 관해 처음으로 자신의 의견을 개진했다. 이 문제를 처음 다룬 천문학자의 이름을 딴 이 현상은 원칙적으로 우주에 무한한 별이 포함되어 있을 수 있는데도 밤하늘은 대체로 어둡다는 것이다. 그럼 에드거 앨런 포가 이 문제를 어떻게 설명하고 어떻게 풀었는지 한번 보자.

> 별이 끝없이 늘어서 있다면, 우리 은하처럼 하늘의 저편의 밝기는 균일할 것이다. 그 모든 배경에서 별이 없는 곳은 절대 있을 수 없기 때문이다. 그러므로 사방에서 우리의 망원경이 관측한 빈 공간을 이해할 수 있는 유일한 방법은 보이지 않는 배경의 거리가 너무 멀어서 우리에게 도달할 시간이 되는 광선이 단 하나도 없기 때문이라고 가정하는 것이다.[39]

우주가 138억 년 전부터 진화를 시작했으니 빛이 이동한 시간은 138억 년밖에 되지 않는다. 하지만 지평선까지의 거리는 우주의 팽창을 고려해서 계산해야 하는데, 빛이 아주 먼 지역에서 우리가 있는 곳에 도착하는 데 걸리는 시간 동안 공간이 팽창한다. 그래서 관측 가능한 우주의 경계까지의 거리는 우리가 단순하게 생각하는 138억 광년의 세 배가 된다. 우리가 가진 최고의 모형에 따르면, 보이는 부분과 보이지 않는 부분을 구분하는 경계는 우리의 위치에서 약 460억 광년 떨어진 곳에 있을 것이다. (덧붙이자면, 이것 때문에 간혹 138억 광년보다 더 멀리 떨어져 있는 은하가 발견되었다는 말이 나오는 이유가 설명된다.)

물론 우리가 우주의 다른 지점으로 이동하면 지평선도 이동할 것이다. 하지만 빛의 속도에 가까운 속도로 우주에서 이동해서 도달할 수 있을 것으로 추정되는 다른 위치로 이동해 상황이 달라진다 해도 거의 무시할 수 있는 정도일 것이다. 사실상 이 자연의 한계에 변화를 주기 위해 우리가 할 수 있는 일은 아무것도 없다.

실제 상황은 예상보다 조금 더 안 좋다. 앞서 내가 먼 공간을 바라보는 것은 시간을 되돌아보는 것과 같다고 했다. 그런데 우주의 역사를 되돌려보면 현재와는 근원적으로 다른 물리적 조건에 들어서게 된다. 우리는 순진하게 점점 더 먼 과거를, 심지어 우주의 기원까지 볼 수 있을 거라 기대하지만 그렇지 않다.

앞선 어느 장에서 본 것처럼, 원시 우주는 상당히 뜨겁고 투명하지 않을 정도로 밀도가 높았다. 우리는 별의 그것과 완전히 똑같은 우주 광구에 둘러싸여 있고, 이 광구 너머의 우주를 볼 수 없다. 우주의 어둠 속 점점 더 깊은 곳을 들여다볼수록 지나갈 수 없는 불의 벽에 부딪히게 된다. 그런데 우리가 우주배경복사라고 부르는 바로 그 존재가 원시 우주의 상태를 직접적으로 볼 수 있게 해준다. 게다가 원시 우주보다 더 오래전의 시대에 일어난 사건들까지 알게 해 주는데, 이 배경복사는 우리가 우주에서 수신하고자 하는 아주 오래된 전자기 신호다.

우주 광구 벽은 지평선의 경계와 대략 일치한다. 그렇다고 정확히 맞아떨어지는 것은 아니다. 빅뱅 모형을 적용하면, 우주의 역사가 시작되었을 순간부터 공간이 투명해지고 원시 광자가 자유롭게 이동하기 시작한 시대까지 약 38만 년이 걸렸다. 우리가 전자파를 통해 우주를 관측하게 될 때까지, 그 38만 년의 역사는 직접적인 조사가 불가능하다. 그래서 당시에 일어난 사건을 간접적으로만 재구성할 수 있다. 나중에는 전자기파가 아닌 다른 신호를 이용해 어떤 관점에서 광구 너머를 조사하는지 알게 되겠지만, 지금은 이 정도로 만족해야 한다.

엄밀하게는 지금도 그렇게 부족한 것은 아니다. 관측 가능한 우주의 규모도 매우 엄청나서 천체물리학자들이 우주에 포함된 것을 연구하느라 족히 바쁘다. 연구에 상당히 많은 시간이 투자되어야 할 것이다. 우주의 지평선은 감이 오지 않을 정도로 멀리 떨어져 있다. 지구에서 대략 4×10^{26}

미터 떨어진 거리에 있다. 지평선 내에는 수천억 개의 은하가 있고, 각 은하에 수천억 개의 별이 있다. 10^{80}개의 양성자와 그보다 10억 배 많은 수의 광자가 포함되어 있다. 감히 헤아릴 수 없는 양이다.

그런데 요점은 그게 아니다. 우주의 관측 가능한 부분이 칼 세이건과 사전에 의해 언급된, 존재하는 모든 것이라는 의미의 우주를 나타낸다고 믿을 만한 근거가 있을까? 관측 가능한 우주는 평균적으로 우주의 그 어떤 부분도 다른 부분들과 다르지 않다는 코페르니쿠스의 생각과 일치하는 것 같다. 그렇다면 이 생각을 어디까지 확대하는 것이 좋을까? 지평선의 존재 때문에 우주를 완전히 이해하는 데 방해가 될까? 우리는 부족한 대로 이 상태에 만족해야만 할까?

16

유한성

Finitezza

우주 지평선의 존재가 우리를 한계에 부딪히게 한다는 명백한 예는 우주의 기하학과 관련이 있다. 앞서 빅뱅 모형이 우주의 어느 지점에서든 평균 곡률이 일정한 값으로 고정된다는 것을 확인했다. 그리고 공간의 곡률은 물질과 에너지의 평균 밀도와 관련이 있다는 것도 알았다.

우주배경복사의 관측을 통해 이 곡률을 놀라울 정도로 정확하게 측정할 수 있게 되었고, 그 결과 우주의 밀도까지 알게 되었다. 이렇게 얻은 자료들은 우리가 상상할 수 있는 가장 단순한 기하학의 유형, 즉 평면 공간에서의 유클리드 기하학과 일치한다. 우리가 아는 바에 의하면, 우주에는 이렇다 할 곡률이 없다.

그런데 주의할 점이 있다. 우리가 측정한 것은 사실 **관측 가능한** 우주의 기하학이라는 점이다. 이전 단락의 마지막 문장을 좀 더 정확하게 다시 쓰자면, 우주는 **지평선 내**에서 이렇다 할 곡률이 없다. 두 문장이 큰 차이가 없어 보이지만 그렇지 않다.

이유가 뭘까? 어느 고대 지리학자가 지평선 너머의 세상이 어떻게 만들어졌는지 알고 싶어서 우리 행성의 어느 섬에 고립되어 있다고 상상해보자. 이 지리학자가 수학에 능하고 관측도 꼼꼼하게 한다면, 여러 지역을 측정해 지구의 곡률을 측정해야겠다는 생각을 할 것이다. 이 학자가, 예를 들어 그리스의 에라토스테네스(Eratosthenes, BC 276~BC 194)가 지구의 반지름 측정에 사용한 방법, 즉 두 위치에 막대기를 꽂아놓고 바닥에 비치는 막대기 그림자의 변화를 관측하는 방법을 사용할 수 있을 것이다. 이때 바닥에 드리우는 막대기의 그림자 길이의 차이가 지구의 곡률 때문에 발생하기 때문이다. 아니면, 지면에 그려진 거대한 삼각형의 내각의 합이 180°가 아닌지를 확인할 수도 있다(3차원 공간에 적용될 때의 이 방식은 우주배경복사를 사용해 우주의 곡률을 측정할 때 사용했던 방법과 같다). 요컨대, 지식에 밝은 사람은 우주에서 내려다보지 않고도 이론상으로 지구가 구형이라고 확신할 수 있다.

그러나 이 지리학자는 지표면 위를 아주 멀리 이동할 수 없으면 측정에 상당한 어려움을 겪을 것이다. 게다가 지평선을 넘어갈 수도 없다면 십중팔구 측정에 실패할 수밖에 없다. 지구는 지평선 내에서는 상당히 평평하다. 이 사람이 훨씬 더 작은 행성에 산다면, 그래서 어느 한 부분의 곡률이 아주 뚜렷하다면 상황이 아주 쉬워진다.

우주도 위와 비슷한 상황에 놓일 수 있다. 지평선 너머 한참 더 먼 곳도 평평할지, 우리가 관측 가능한 규모에서 의미를 둘 수 없을 정도로 우주의 곡률이 아주 작은지 말해 줄 수 있는 사람이 과연 있을까?

우리가 걱정하기에는 너무 사소한 문제라고 내 버려질 수 있는 질문이다. 하지만 과학은 항상 언뜻 보기에는 완전히 정상적이고 통제하에 있는 것처럼 보이는 것에 호기심을 가지면서 발전해왔다. 작은 차이와 비정상, 우리 관측 능력 극단의 한계 측정이 과학적 진보의 생명선이며, 위대한 혁명의 도화선이 된다. 케플러는 화성의 움직임 중 작은 이탈을 포착해 행성의 궤도가 타원형이라는 것을 알아냈다. 그런데 케플러 이전의 다른 모든 천문학자들은 그 이탈이 이론 모형에서 나타날 수 있는 단순한 결함으로 취급한 바 있다.

우주의 곡률이 0인지, 측정이 안 될 정도로 작은 것인지를 알아내는 일은 엄청난 차이를 만드는 것일 수 있다. 유한을 무한으로 바꿔놓을 정도의 일이다.

프리드만이 처음으로 일반상대성이론에서 추론한 우주에서 가능한 기하학 분류에 따르면, 공간은 유한할 수도, 무한할 수도 있다. 우주에 일정한 양수 곡률이 있다면, 우주의 기하학은 구형의 표면과 같은 특성을 지니게 되고, 경계나 가장자리가 없어도 팽창이 유한하다. 즉, 계속 직선으로 이동을 하면 언젠가는 출발점으로 되돌아오게 되는 것이다. 반대로 우주의 곡률이 음수이거나 0이라면, 무한한 공간이다. 끝없이 이동하면서 발견된 적이 없는 새로운 지역을 계속 만나볼 수 있다.

여기서 한 가지 명확히 할 것이 있는데, 우주가 팽창한다고 해서 과거에 더 작았다는 말은 아니다. 머리가 좀 아파질 수 있는 문제이기는 한데, 일반상대성이론에 따르면 곡률이 제로이거나 음수인 경우 처음부터 **항상** 무한하다. 시간의 흐름에 따라 커지는 것은 임의의 두 지점 간의 거리이고, 기존의 공간 전체의 규모가 커지는 것은 아니라는 말이다. 하지만 빛의 경로가 점점 더 길어지고 지평선의 가장

자리가 더 먼 방향으로 이동하기 때문에 우리가 볼 수 있는 우주 영역은 더 넓어진다.

다시 공간의 기하학 이야기로 돌아오자. 우주의 곡률이 지평선 내에서 간과할 만한 수준이라고 관측되었다면, 지평선 밖에도 이러한 결과를 추정하고 우주가 무한할 것이라고 가정하기 쉽게 만든다. 하지만 그렇지 않다. 단순히 우주의 규모가 매우 방대해서, 정말 규모가 너무 커서 우리의 지평선에서는 관측이 되지 않고, 훨씬 더 거대한 수준에서만 관측이 될 정도로 인지 불가능하게 구부러진 것일 수 있다. 우주가 많이 구부러져 있다면, 현재의 측정값으로 이미 우주의 기하학이 어느 종류에 속하는지, 곡률이 양수인지 음수인지도 정의가 되어 있을 것이다. 그러나 안타깝게도 측정으로 얻은 값은 두 가능성을 아예 구분할 수 없는 상황에 놓이게 했다. 마치 저울의 양쪽 접시가 거의 완벽하게 균형을 이뤄 어느 쪽이 무거운지 판단 불가능한 상황과 같다. 그렇다면 어떻게 해야 우주가 유한한지, 무한한지 규정할 수 있을까?

그건 사실상 불가능하다. 어떤 곡률의 측정이든 반드시 불확실의 가능성이 있을 수밖에 없고, 이 불확실성을 계속 줄여나간다 해도 우주 규모의 한계를 설정할 수는 있어도, 우주의 유한성이나 무한성에 대한 모든 것을 단번에 규정할 수는 없다. 사실, 지금까지 우리가 해온 연구보다 더 나은 연구를 하기는 어려울 가능성이 크다. 우리가 아는 최선의 방법, 즉 우주배경복사의 관측을 바탕으로 한 방법이 이론적으로 가능한 최대한의 정확도에 이르렀기 때문이다. 앞으로 지금과 다른 방식이나 더 독창적인 방법이 고안될 수 있다는 점을 배제하는 것은 어리석은 일이지만, 현재로서는 그럴 가능성이 별로 없어 보인다.

우주를 우리가 직접 관측하지 못하고 현재로서는 그 특성도 모르는 상황에서, 우주의 평균 밀도와 곡률에 영향을 끼치는 암흑 요소들이 있다는 점 때문에 상황이 더 복잡해진 것이다. 이것이 우주 기하학에 관한 정확한 정의를 더 혼란스럽게 한다. 예를 들어, 일반적으로 진공 에너지는 우주 상수와 같이 아주 단순한 유형이라고 가정하지만, 다른 가능성을 열어두고 생각하면 우리가 대규모의 곡률을 설정할 수 있게 해주는 정확성이 현저하게 줄어든다. (그 반대도 마찬가지다. 우주가 정확히 평면이라는 생각을 버리면, 다양한 암흑 에너지 모형 사이에서 구분해내는 관측 능력이 매우 부족해진다는 것을 알 수 있다.)

어쨌든, 우주 전체의 형태에 관한 결정적인 측정이 불가능할 수 있는 또 다른 이유가 있다. 이 이유를 이해하려면

'위상 기하학'이라는, 비범한 연결의 속성을 지닌 공간을 설명하게 해주는 기하학으로 들어가야 한다.

사방에 출입구가 하나씩 있는 방을 상상해보자. 이 방은 어느 출입구로 나가든 반대편 출입구를 통해 똑같은 방으로 다시 들어가게 되는 이상한 특성이 있다. 이 방의 크기는 유한하지만, 직선으로 무한하게 이동할 수 있다. 방의 출입구 중 한 곳에서 바라보면 다른 출입구를 통해 같은 방에 있는 여러분 자신을 볼 수 있다. 여러분은 서로 연결된 **무한한** 방들을 보는 것이고, 어느 방에서든 여러분 자신이 등을 돌린 채 출입구를 바라보는 모습을 보는 것이다. 여러분의 세상은 거울 놀이를 할 때처럼 여러분 자신의 끝없는 허상으로 가득 차 있을 것이다. 이때 각각의 이미지는 나이가 다른데, 이것은 빛이 이동하는 시간이 서로 다르기 때문이다. 여러분의 관찰 지점에서는 지난 과거 전체를 볼 수 있다.

보르헤스(Borges)의 꿈 이야기 같을 수 있지만, 수학자들은 모순 없이 계산할 수 있고 일반상대성이론의 방정식과 결합해 완벽하게 합리적인 우주 모형을 얻을 수 있는 충분히 가능한 설정이다. 이러한 모형의 기하학은 프리드만이 연구한 모형보다 훨씬 더 다양하고 복잡하다. 예를 들어, 우리가 관측한 바로는 우주의 곡률은 0이지만 무한하지 않을 수 있다. 우리가 이런 우주에 살고 있는지 어떻게 알 수 있을까?

이 질문에 대한 결정적인 답을 찾을 방법은 없다. 우주는 크리스털 형태로 반복되는 공간으로 이루어진 기본적인 방 형태로 지평선보다 작을 수 있고, 거대하게 보이는 것은 바로 앞서 제시한 예에서의 방과 같이 단순히 우주의 위상 기하학이 허상의 규모를 만들었기 때문일 수 있다. 이 경우, 은하의 허상이 있는지 관측해 알아낼 수 있는데, 이 은하의 허상은 사실 같은 물체의 복제물이다. 하지만 이 경우 같은 은하라도 우리는 여러 시기의 단계에 있는 모습을 보게 되는 것이므로 식별하기가 상당히 어렵다.

우주배경복사 이미지의 통계학적 분석을 통해 이러한 유형의 복제를 찾으려는 시도들이 있었다. 현재의 데이터들은, 우주가 작지만 아주 단순한 유형일지라도 위상 기하학과 관련이 있을 수 있다는 가능성을 배제하는 것으로 보인다. 그러나 이러한 유형의 분석이 틀릴 경우도 있을 수 있다. 게다가, 우주라는 기본적인 방이 지평선보다 클 수 있는데, 이 경우 우리는 우주의 위상 기하학이나 규모에 관해 아무 할 말이 없다. 그러면 이 질문은 불명확한 상태로 남게 될 가능성이 크다.

이 모든 상황이 우리가 우주가 무한한지 유한한지 그 여부를 절대 결정적으로 말할 수 없다는 것을 의미한다. 분명한 점은 우리가 관측할 수 있는 영역은 유한하고, 이것이 나쁘지 않은 것일 수 있다. 하지만 그 너머를 보고 싶다는 호기심을 억누르기란 여간 어려운 일이 아니다.

원칙만 문제가 되는 것은 아니다. 나중에 보게 되겠지만, 우주가 지평선 밖에서 만들어지는 방식은 관측 가능한 우주의 속성에 관해 이끌어낼 수 있는 결론의 유형에 영향을 끼칠 수 있다. 우주의 특성에 관한 몇 가지 기본적인 질문에 답할 수 있는 가능성도 상당히 제한될 수 있고 말이다.

17

독창성

Unicità

우리의 지식은 관측 가능한 우주가 단 하나뿐이라는 사실 때문에 또 다른 잠재적인 한계에 부딪힌다. 이런 점에서 보면, 우주는 다른 물리적 체계와 차이가 있다.

물리학이 자연 현상을 설명하는 데 대성공을 거둔 것은 대부분 우발적이고 우연한 것을 구분하는 능력에서 나온 것이라, 반복적이고 규칙적인 것이 필요하다. 갈릴레오 갈릴레이(Galileo Galilei, 1564~1642) 이후, 지난 4세기 동안 실제 상황에 관한 연구를 이끌었던 개념 중 하나는 불변의 보편적인 자연법칙이 존재하고, 실험 조사를 통해 이 법칙을 알아낼 수 있다는 것이다. 자연법칙에 관해서는 나중에 다시 이야기할 것이고, 지금은 어떤 것이 우연이고 어떤 것이 규칙적인 것인지 알려면 같은 현상을 반복적으로, 가능하면 외부 조건의 일정한 수를 임의로 변경할 수 있는, 통제된 상황에서 관찰할 수 있어야 한다는 점만 살펴볼 것이다.

우리가 현실을 설명하기 위해 사용하는 기본적인 주체인 물리학의 개념적 요소들은 공유되는 조건을 바탕으로 구분된다. 예를 들어, 전자는 모두 같고 다른 종류의 기본 입자들도 마찬가지다. 아주 복잡한 주체도 이런 방식으로 다룰 수 있다. 사과라고 다 같은 사과는 아니지만, 가지 일부에서 추락하는 현상을 이해하기 위해 사과를 단순화하는 것은 똑같다. 이런 맥락에서 모든 사과는 '물질의 지점', 즉 일정한 질량을 지닌 무차원의 물체다. 이러한 개념의 도약을 할 수 있는 이유는 지금까지 우리가 나무에서 떨어지는 사과의 예를 수없이 보았기 때문에 추락을 이해하는 데 필요한 속성과 불필요한 속성을 분리할 수 있기 때문이다. 그뿐만 아니라, 실험실에서 물질의 지점에 관한 개념적 이상과 매우 유사한 대상을 구현하고(예를 들면 아주 무겁지만 크기는 작은 구형의 물체), 이 대상이 물리적 모형과 호환되는 방식의 습성을 나타내는지 확인할 수도 있었다.

천체물리학 연구에서도 마찬가지지만 실험실에서 재현할 수 없는 연구가 있다. 이런 연구를 하고자 할 때도 자연

속에서 같은 현상의 여러 경우를 관측할 수 있다. 전형적인 예로 행성의 운동을 꼽을 수 있는데, 행성이 태양 주위를 공전한다는 것은 단순한 중력 법칙(혹은, 조금 더 정확하고 현대적인 용어를 사용하자면 태양 주위 시공간의 기하학적 특성)의 결과다. 그런데 이 중력 법칙이(혹은 동일한 태양 주위 시공간 구성) 궤도의 무한성과도 양립될 수 있다. 따라서 특별한 행성의 특별한 궤도는 특정한 물리적 체계에서 어느 특정한 순간에 발견되는 특별한 조건이 반영된 것이다. 물론 우리가 이러한 조건을 임의로 변경할 수 있는 것은 아니지만, 행성의 궤도나, 가장 일반적인 예로 천체 궤적의 예를 다양하게 관측할 수 있다. 각 행성계는 우연한 조건의 독창적인 결과물로 완벽한 재구성이 불가능하다. 하지만 모든 행성계는 그 습성을 지배하는 일반적인 규칙 면에서 서로 유사하고, 반복적인 관측을 통해 이러한 규칙의 본질을 추출할 수 있다. 성운이나 은하, 별 그리고 일반적으로 우주의 모든 부분집합에 대해서도 비슷한 의견을 펼칠 수 있다.

하지만 우주 전체를 두고는 이런 종류의 주장을 전혀 할 수 없다. 간혹 유럽입자물리연구소의 강입자 충돌기와 같은 입자 가속기에서 '빅뱅'의 조건을 재현했다는 말이 들려오는데, 이건 사실이 아니다. 이 가속기는 입자(LHC의 경우는 양성자)가 빛의 속도에 가까운 속력으로 충돌하게 만든다. 그 과정에서 물질의 기본 구조를 조사할 수 있는 것인데, 비유하자면 물체를 벽에 집어 던져서 이 물체를 이루고 있는 다양한 조각들을 연구하는 것과 비슷하다. 이때의 충돌 에너지가 우주의 초창기에 존재하던 에너지와 견줄 정도로 매우 크기 때문에, 물질이 원시 우주와 비슷한 상태에 놓이게 된다. 그러니까 가속기 내에서 발생하는 현상이 고에너지 물질의 작용 규칙을 이해하는 데 유용하다는 점은 확실하지만, 실험실에서 '빅뱅'을 재현한 것과 비교하는 것은 당연히 무리가 있다.

우리는 실험실에서 우주를 만들 수도 없을 뿐더러, 우주에 관한 다양한 예를 관측할 수도 없다. 우주는 있는 그대로이고 우리는 그것을 받아들여야 한다. 우리가 할 수 있는 것은 알려진 물리적 법칙을 사용해, 이 법칙이 우주 전체에, 즉 모든 지점의 공간과 모든 시대에 적용된다고 가정하고, 우주의 진화에 관한 만족스러운 설명에 도달하는 것이 전부다. 하지만 이러한 진화는 불가능한 것은 아니지만 설명하기에 어려운 측면들이 많다. 특히, 특정한 우주 진화의 양상이 우발적인지, 초기 조건의 특별한 조합과 관련이 있는지, 혹은 반드시 필요한 것인지 등에 관한 문제를 알아낼 방법을 찾을 수 없다. 단 한 번뿐인 사건의 경우 '특별하다'는 개념 자체가 문제가 된다. 이 부분에 관해서는 나중에 다시 이야기할 기회가 있을 것이다.

우리가 우주를 관측하는 위치도 다른 위치로 바꿀 수 없다는 점에서는 유일하다. 우리의 위치에 특별히 문제가 없다고 보는 것이 당연한 생각이지만, 그렇다고 완벽하게 전형적인 우주를 관측하고 있다고 확언할 수 없는 것도 사실이다. 우리는 우리의 존재를 허용하는 물리적 조건을 갖춘 행성에서 살 수밖에 없는데, 이 조건은 확실히 우주를 대표하는 평균적인 조건은 아니다.

그러나 우주 전체를 연구할 때는 지역적 세부사항들은 지나쳐야 한다. 우리는 현재 최선의 우주 모형을 바탕으로, 거시적인 차원에서의 우주가 매 시대에 균질하고(모든 위치에서 같은 모습을 보인다) 등방하다는(모든 방향에서 같은 모습을 보인다) 원칙이 있다는 것을 보았다. 우리는 우주에서 우리의 위치를 바꿀 수 없으므로, 이 원칙이 옳은지의 여부를 직접 확인할 수 없다. 경험을 바탕으로 말할 수 있는 것은 거시적인 차원에서 우리의 시선이 닿는 곳 어디든 우주의 속성이 평균적으로 같아 보인다는 것뿐이다. 우주가 등방하다는 것은 실제로 우리가 관측할 수 있는 가장 큰 규모까지의 데이터와 아주 잘 맞고, 특히 우주배경복사의 관측 결과와도 거의 일치한다.[40)]

그러나 우주가 균질하기도 하다는 것을 확인하려면 모든 관측 지점에서 등방한지를 관찰해야 한다. 이건 확인 불가능한 일이다. 그러니까 관측된 등방성에 우주 공간에서 우리의 위치가 다른 위치에서와 다르지 않다는 합리적인 가정을 추가해야 한다. 다시 말해, 코페르니쿠스의 원리를 우주 전체로 확장해야 한다. 그러면 우주가 실제로는 균질하지 않음에도 그렇다고 판단한 관점의 오류에 빠졌을 가능성을 상상할 수 있을까? 그렇다. 조금 난해하지만 그럴 수 있다. 예를 들어, 우리는 거의 구형으로 분포된 물질에 둘러싸인 진공의 중심 근처에 살고 있을 수 있다. 이때 우리 눈에 우주가 등방하게 보일 수 있지만, 균질하지는 않을 수 있다. 일부 학자들이 그에 관해 탐구했고, 그 결과 암흑 에너지를 끌어들이지 않고도 우주의 가속 팽창을 설명할 수 있는 특정한 가능성이 존재한다. 우리가 확보한 데이터에 따르면 틀렸을 것으로 추정되는 가능성이 있지만 말이다.[41)]

그러나 우주의 균질성에 관한 문제는 결정적으로 해결이 되지 않았고, 여전히 논란이 되고 있다.[42)] 물론 우주론 원리에 반하는 측면을 진지하게 받아들이려면 어느 정도의 음모가(아니면 반대로 우주에 관한 추정) 필요하다. 그러나 근원적인 회의론의 길을 가려 한다면, 균질성에 대한 의심을 완전히 떨치기 어려울 것이다. 우주론 원리는 궁극적으로 이

성적인 철학적 전제일 뿐, 경험적으로 완벽하게 정당화될 수는 없다.

이 문제를 직접적으로 해결하기 어렵다는 점 외에, 우주가 균질하고 등방해야 하는 이유를 제대로 모른다는 점도 문제다. 일반상대성이론은 이러한 가정 없이도 완벽하게 적용이 된다. 물론 해결 방법이 매우 복잡하겠지만, 우리 우주를 단순한 모형으로 설명해야 할 선험적인 근거가 없으니 어쩔 수 없다. 급팽창과 같은 것이 있었다면, 관측 가능한 우주는 극단적으로 균질해야 한다. 그렇다면 다른 대안이 있을까? 만약 있다면, 우리가 관측을 통해 구분할 수 있을까? 관측 가능한 우주가 거시적인 차원에서 균질하다고 가정한다면, 그 균질성의 최고점은 어느 정도일까? 이렇게 우리는 공간의 기하학에서 이미 봤던 것과 유사한 문제에 빠지게 된다. 이 경우에도 우리는 지평선 너머로 시야를 확장할 수 없고, 혼돈의 바다로 둘러싸인 균질성의 섬에서 살고 있는 것인지 그 여부도 결코 알 수 없다.

어쨌든 관측 가능한 우주가 균질하고 등방해서 같은 법칙이 우주 어디서든 유효하다고 가정한다면, 관측 가능한 우주가 우주 전체의 특성을 대변할 정도로 충분한 규모인 동시에, 관측 가능한 공간 규모 전체에 대량으로 포함될 수 있는 적당히 작은 크기의 '소우주'들의 컬렉션이라고 생각할 수 있다. 그러면 나중에 이 소우주 컬렉션을 활용해 통계를 만들어 우주 전체를 나타내는 평균적인 결론에 도달할 수 있다.

이 과정은 우주론 연구자들이 확실히 성공적으로 안착시켰지만, 여전히 해결되지 않은 불확실한 부분이 있다. 이것은 특정한 경우에서 쉽게 이해할 수 있는데, 앞에서 우리가 천구 전체에서 우주배경복사 이미지를 얻는 데 성공했다고 말한 적이 있다. 이 이미지에서 우리는 재결합 시대(우주가 탄생한 뒤, 어지럽게 돌아다니던 전자들과 양성자들이 서로 결합해 중성 수소를 형성하게 된 시기)의 평균보다 다소 밀도가 높았던 우주 영역에 해당하는 지역들을 볼 수 있다. 우리가 보는 이미지는 특정 관점에서, 즉 우리의 관점에서 포착된 것이다. 지금 지구에 도달한 광자들은 약 138억 년 전에 우리의 위치를 둘러싸고 있는 구형의 껍질 부분에서 출발했다. 우주의 다른 지점에 있는 다른 관찰자에게는 **그의 위치**를 둘러싸고 있는 껍질 부분에서 출발한 다른 광자들이 갈 것이고 말이다. 이같이 우주의 각 지점에서 특정한 원시 우주의 이미지를 보게 되는 것이다. 이 이미지는 한때 모든 공간을 채우고 있던 백열 플라스마로 이루어진 얇은 구형의 조각이다.

우리가 정말 재결합 시대의 우주 상황을 완벽하게 보고

싶다면, 이 모든 이미지를 종합해 3차원으로 재구성해야 한다. 하지만 우리에게 관측 지점은 하나뿐이기 때문에 그럴 수가 없다. 우리는, 우리의 위치에서 관측하는 이미지가 가능한 모든 이미지 중에서 무작위로 추출된 것이고 우리의 위치가 특별할 것이 전혀 없다는 것을 알고 있으므로, 이것이 일반적인 상황을 대표한다고 간주한 상태에서 신뢰할 만한 결론을 도출할 수 있다. 실제로 이러한 방식으로 우주론 모형의 수많은 측면에 대해 놀랄 만큼 정확한 정보들을 얻을 수 있었다. 하지만 관측의 통계학적 특성에 의해 발생하는 불확실성은 계속 남게 될 것이고, 이 불확실성을 완전히 제거하기 위해 할 수 있는 일은 정말 아무것도 없다. 우주론 연구자들이 이 피할 수 없는 한계에 사용하는 전문용어는 '우주 분산(Cosmic variance)'이다. 배경복사 온도에 관한 최상의 데이터는 이제 우주 분산의 한계에 도달했고, 앞으로 우리가 이 상황을 개선할 방법은 전혀 없다.

이러한 유형의 불확실성이 어떤 결과를 낳을 수 있는지 앞에서 이미 살펴봤는데, 코비나 더블유맵, 플랭크 연구팀의 데이터에는 이론상의 예측과 관련해 통계학적으로 명백한 오류가 포함되어 있다. 이 오류들은 등방하다는 우주론 원리에 어긋나는 예외적인 것으로 해석될 수 있다. 예를 들어, 일부 연구에서 우주에 특정 방향으로 띠와 같은 치우침

이('악의 축Axis of Evil'으로 명명) 존재한다는 내용으로 이 오류들을 설명했는데, 사실상 이러한 대담한 결론에 이르기 전에 광범위한 통계적 표본을 통해 평균적인 움직임에서 놀라울 정도로 분명한 편차가 발견될 수 있다는 점을 고려해야 한다. 또한, 우리가 여기서 보는 우주배경복사 이미지가 사실 수많은 가능성 중 하나일 뿐이라는 사실이다. 그리고 내부에서 의심스러운 이상을 발견할 가능성이 아예 없는 것도 아니다. (예를 들어, 더블유맵 연구팀은 우주배경복사 온도 지도 속에 스티븐 호킹의 이니셜이 숨겨져 있다는 것을 보여주면서 이러한 가능성을 다소 희극적으로 시연해 보이기도 했다.)[43)]

이 문제는 아직 결정적인 답이 나오지 않은 상태다.[44)] 내 연구에서도 이 문제를 여러 번 다루었지만,[45)] 명확한 관점을 취하기가 어렵다. 나는 대부분의 내 동료들처럼 우주에 악의 축 같은 건 없고, 데이터에서 나타나는 오류가 우연의 장난일 것으로 생각하는 편이다. 그렇다고 이런 의견을 내세우며 대단한 승부를 걸 정도는 아니고, 궁극적으로 철학적인 우선순위가 없는 내 생각을 어떻게 정당화해야 할지도 모르겠다. 어쨌든, 우리가 지금 여기서 세상이 정말 그러한지, 혹은 다른 무엇인가의 지배를 받고 있는 것인지에 대한 의문을 제기한다는 것이 우주를 향한 우리 시선의 근본적인 한계가 반영된 것이다.

18

시간

Tempo

우주에 관한 우리 지식의 한계에 의문을 제기할 때마다 자주 간과하는 부분이 한 가지 있다. 우리가 특정 시대에 우주를 관측하고 있다는 점인데, 내가 '특정'이라고 표현한 것은 '다른 시대가 아닌 현재의 시대'를 최대한 중립적으로 표현한 것이다.

시간이 흐르면서 근원적으로 변화하는 우주에서, 모든 시대가 다 같을 수는 없다. 앞에서 보았다시피 여러 과학자들은(기억하겠지만 아인슈타인도 포함된다) 완벽한 우주론이 적용되는 우주, 혹은 공간뿐 아니라 시간 속에서도 평균적으로 같은 속성을 지닌 우주를 상정한다. 하지만 실제 상황은 그렇지 않다. 현재의 우주는 별이 가득하지만, 과거에는 기본 입자로 구성된 뜨거운 가스였다. 이것이 현실에 관한 우리의 관점에 의미하는 바는 무엇일까?

글쎄, 아주 간단히 말하자면 지금의 우리는 할 수 있지만, 과거에는 불가능했고 미래에는 아예 존재할 수도 없는 관측이 있다. 간단한 예를 들자면, 우주 팽창의 가속화가 있다. 우리가 측정한 최고의 데이터에 따르면, 이 팽창은 약 60억 년 전 가속하기 시작했다. 왜 그 무렵일까? 그 이유는, 앞에서 본 것처럼 진공 에너지(우주 상수)의 밀도는 항상 일정하지만, 물질의 밀도는 우주가 팽창하면서 조금씩 감소하기 때문이다. 60억 년 전, 물질의 밀도가 진공 에너지의 밀도보다 작아졌고, 그 시점에 팽창이 가속하기 시작한 것이다.

앞으로 뒤집히기 힘든 이 관측에 함축된 의미를 알아두어야 한다. 60억 년 전에는 우리 태양계가 아직 형성되지도 않았지만, 우주에는 별로 가득 차 있었다. 이미 100억 년이 된 별들이 있었고, 팽창이 가속화를 시작하기 한참 전에는 우주에 생명체가 나타날 수 있으리라 상상할 수도 없었다. 나는 지금 그런 일이 있었다는 말을 하려는 것이 아니라, 우리가 80억 년이나 90억 년 전에 존재했던 다른 행성의 천문학자 관점에서 생각해보자는 것이다. 이 고대 천문학자는 진공 에너지의 존재나 우주의 팽창이 나중에 가속화를 시작한다는 것에 관한 그 어떤 증거도 찾을 수 없었을 것이다.

이 한 가지 예를 통해, 우주에 관한 완전히 자유로운 지식에 도달하고자 하는 열망이 고귀한 것은 확실하지만, 완전히 현실적이지 않다는 사실을 알 수 있다. 또한, 우리 자신이 현재 우주를 관측하고 있는 이 시대에 갇힌 한계의 희생양이지 않은지 자문해볼 필요도 있다. 그렇다면 우리는 왜 특정한 관점을 가지게 되는 걸까?

사실, 이 순간에 우리가 보는 우주는 다양한 형태로 아주 오래 지속된 과정 중 일시적인 상태일 뿐이고, 이 상태가 앞으로 얼마나 더 지속될지 아무도 모른다. 엄청나게 긴 시간의 관점에서 바라보면, 현재 우주의 상태는 지극히 비정형적이다. 우리는 대게 우주가 별로 가득 찬 곳이라 생각하지만, 항상 그랬던 것은 아니고 앞으로도 계속 그렇지는 않을 것이다.

앞에서 살펴봤다시피, 우리라는 존재는 복잡한 구조가 존재하지 않았던 아주 단순한 원시 단계에 만들어졌다. 앞으로도 오랫동안 별다를 것 없이 단순할 것이다. 별을 밝게 유지하는 핵융합 반응에 에너지를 공급하는 데 필요한 연료는 영원하지 않을 것이고, 지금 있는 연료가 희석되어 새로운 반응을 유발하는 데 필요한 중력 붕괴(Gravitational collapse)가 점점 약해질 것이다. 그 결과로, 오늘날 우주에서 이미 새로이 탄생하는 별의 수가 점점 줄고 있다. 추정에 따르면 현재 빛나고 있는 별의 절반 이상이 80억 년에서 110억 년 전에 빛나기 시작했고, 현재 새롭게 탄생하는 별의 비율은 별 형성이 정점을 찍던 당시 생성률의 13퍼센트에 불과하다. 최근에 탄생한 별은 아마 수십억 년 동안 밝게 빛나겠지만, 우주에서 탄생할 전체 별의 개수 중 95퍼센트는 이미 탄생했다.

다시 말하자면 우주는 급격한 인구 감소 추세에 놓였다고 말할 수 있다. 그리고 그 앞에는 점점 더 어두워지는 미래가 있다. 가장 밝은 별들이 먼저 하나둘 사라지겠지만, 가장 작고 덜 밝은 별들은 마지막 빛이 꺼질 때까지 불그스름한 빛으로 우주를 비추며 수십억 년 동안 계속 빛날 수 있다. 밝게 빛나는 하늘로 이루어진 우주의 시간 규모에 비하면 우리는 상대적으로 짧은 기간 동안 살았다. 이 점도 우리가 우주쇼를 즐겨야 할 가치를 더한다.

이 막연하고 암담한 시나리오는 우주의 팽창이 영원히 계속되어야 일어날 일이다. 관측된 가속 팽창에 관한 간단한 물리학적 해석이 맞다면, 즉 아인슈타인의 우주 상수 때문이라면, 이것은 우리 우주가 직면한 운명이다. 우주는 점점 더 비워지고 어두워지면서 영원히 얼어붙은 곳이 되어, 정말 더는 아무 일도 일어나지 않게 된다. 이런 우주를 '드 시터의 우주(De Sitter space)'라고 부르는데, 20세기 초 우주 상수로 인해 진공 우주가 가속 팽창하는 우주 모형을 처음으로 연구한 네덜란드 천문학자 빌럼 드 시터(Willem de Sitter, 1872~1934) 이름을 따서 붙인 명칭이다.

그러나 언제나 그렇듯이 실제 상황은 훨씬 더 복잡하다. 우주를 가속 팽창하게 만든 것이 무엇인지 합리적으로 확실히 알지 못한다는 사실이 다른 가능성을 열어두기 때문이다. 예를 들어, 가속 팽창이 암흑 에너지의 아주 '기이한' 형태 때문이라면, 앞으로 팽창이 수축으로 바뀔 가능성을 배제할 수 없으며, 이것은 우주가 다시 초창기와 비슷한 고온에 고밀도의 조건에 놓이게 될 수 있다는 가능성을 열어둔다. 혹은, 가속 팽창이 훨씬 더 격렬해져서 우주가 일부 우주론 연구자들이 빅립(Big Rip)[46]이라 부르는, 거대한 규모로 찢겨 산산조각 나는 방향으로 흘러갈 수 있다. 빅립은 간격이 매우 빠르게 증가해 은하와 별뿐 아니라 원자를 비롯해 시공간 자체까지 조각내는 것을 말한다. 다시 한번 설명하면, 가속화가 스칼라장의 에너지에 의해 발생했다면,

물리학자들이 '상전이(相轉移, Phase transition)'라고 부르는 갑작스러운 상태 변화의 발생을 배제할 수 없다. 일부 논리에 따르면 순간적인 우주의 소멸을 일으킬 가능성이 있는 것이다.

하지만 전적으로 추측에 의한 가설이라는 점을 명확히 해둘 필요가 있다. 사실, 현재로서는 제대로 정의되지 않은 것들이 혼재되어 뒤섞인 상황이라 우주 진화의 미래에 관해 합리적인 예측을 하기란 완벽히 불가능하다. 실제로, 진공의 에너지가 끼어들면 아무리 정확하다 해도 그 어떤 종류의 관측도 궁극적으로 이 문제를 해결할 수 없다는 것을 증명할 수 있을 만큼 불가능하다.[47] 우리는 우주의 운명에 관한 모든 확신을 포기해야 한다.

상황이 이쯤 되면, 우리로서는 가속화의 원인이 우주 상수이고, 우주는 먼 미래에 빌럼 드 시터가 연구한 방향으로 흘러가는 경향성을 띠게 된다는 최소한의 가설에 기댈 수밖에 없다. 이 가설이 궁극적으로 더 그럴듯하니까.

그런데 문제는 이러한 일이 일어나기 한참 전 우주를 관측하고 이해하는 것 자체의 가능성을 크게 줄일 수 있다는 데 있다. 앞에서 관측 가능한 우주의 경계가 되는 지평선이 존재한다는 것을 보았다. 우리는, 빛이 계속 점점 더 먼 지역에서 날아오고 있으므로 시간이 지나면 지금은 접하지 못한 정보들을 접하게 될 것이라고 예측할 수 있다. 하지만 안타깝게도 반드시 그런 것은 아니다. 가속 팽창이 영원히 계속된다면 현재는 관측 가능한 우주 안에 있지만, 미래에는 다시는 보지 못하게 되는 지점들이 있는데 별에서 전달되는 빛이 팽창의 속도를 따라갈 수 없기 때문이다. 현재의 추정에 따르면, 현재 여기에서 160억 광년보다 먼 거리에 있는 모든 물리적 정보는 절대 우리에게 전달될 수 없다고 한다. 말하자면, 우리의 관측 창은 열리고 있는 것이 아니라 점점 닫히고 있다. 그러니 우주에 관해 알고 싶으면 서둘러야 한다.

실제 상황은 더 기괴하다. 천억 년 정도의 시간이 지나면 우리 지평선 내에서 유일하게 보이는 구조는 우리 은하와 안드로메다 은하가 합쳐진 은하밖에 없을 것이다. 가정이지만, 먼 미래에 이 우주의 외딴 섬에 위치한 어떤 별을 도는 행성에서 우주를 관측한 천문학자는, 우리의 관점에서 보자면 대체로 불완전한 우주의 특성에 관한 결론을 얻을 수도 있다.[48)]

여러분도 빅뱅 모형이 일반상대성이론과 우주의 팽창, 풍부하게 존재했던 가벼운 원소, 우주배경복사의 존재 등 세 가지 관측 결과를 바탕으로 만들어졌다는 사실을 기억할 것이다. 이 세 가지 관측 중 우리가 예로 든 미래의 천문학자가 가설을 세우는 데 사용할 수 있는 것은 단 하나도 없다. 유일하게 관측 가능한 은하는 우주 팽창의 영향을 받지 않으므로 발견도 불가능할 것이고 말이다. 우주의 팽창을 관측할 수 없으니 당연히 우주의 가속화도 알아낼 방법이 없고, 진공 에너지의 존재도 추측할 수 없을 것이다.

게다가 그 시점에 헬륨과 중수소의 양이 풍부한 것은 그동안 발생한 천체물리학적 과정의 영향일 것이고, 이 원소들의 초창기값을 되짚어보기가 아예 불가능하지는 않더라도 상당히 어려울 것이다. 물론, 우리가 현재 이러한 목적으로 사용하는 기본 원칙도 먼 은하의 빛에 의해 빛나는 물질의 무리를 관측한 내용을 바탕으로 하고 있어서 나중에는 활용할 수 없을 것이다. 마지막으로 적색 이동은 우주배경복사의 파장을 점점 더 길게 해서 결국 관측이 불가능해질 것이다.

간단히 말해, 미래의 천문학자는 균질하지도 등방하지도 않은 정적인 우주에서 살고 있다고 생각하게 된다(유일한 은하가 거대한 텅빈 공간에 둘러싸여 있기 때문이다). 실질적으로 우주의 지난 역사에 관해 아무것도 알지 못할 것이고, 과거 우주의 시작에 관한 증거도 없을 것이다(관측 가능한 모든 별의 나이에 한계가 있기 때문이다). 역설적으로, 우주에 관한 생각은 지난 19세기 말, 아인슈타인과 허블, 프리드만과 르메트르 이전의 천문학자들이 갖고 있던 것과 아주 비슷할 것이다.

물론 미래의 천문학자는 **자신의** 우주와 **자신의** 관측을 최선의 방법으로 이해할 가능성이 크다. 사실상 이것이 실제이고 정확한 요점인데, 과학은 현실에 관한 최상의 지도를 연구하므로 미래 천문학자의 지도가 완전히 "틀렸다"라고 말할 수는 없다. 다만 이런 점을 통해 절대적이고 궁극적으로 들릴 수 있는 확언을 하지 않도록 주의를 기울여야 한다는 점을 기억해야 한다.

앞으로는 우주 팽창의 가속화가 우주 역사의 수많은 증거를 씻어낼 것이다. 그런데 **우리의 과거** 영역에서도 이런 일이 이미 일어났을 가능성이 있다. 실제로 급팽창의 시작 단계가 있었다면, 그 결과는 현재 가속화된 단계가 수십억 년 후에 나타낼 수 있는 결과와 아주 비슷할 것이다.

앞에서 급팽창 체계가 현재로서는 제대로 정의된 모형과 연결되어 있지 않다고 했는데, 모든 급팽창 단계는 같은 결과를 나타낸다. 다시 말해, 약간의 밀도 요동이 있고 공간 곡률이 거의 0에 가까우며, 거시적으로 균질하고 등방한 우주를 생성하는 것이다. 이러한 결과는 이전의 조건들을 통합해 유추할 수 있는 아주 일반적인 예측이다. 비유하자면, 레프 톨스토이(Lev Nikolayevich Tolstoy, 1828~1910)가 《안나 카레리나》의 첫 부분에서 언급한 행복한 가족처럼 모든 급팽창 모형이 서로 닮아 있는 것이다.

이것은 급팽창 모형의 강점인 동시에 약점이기도 한데, 실질적으로 급팽창이 증거를 파괴함으로써 급팽창 이전의 우주가 어땠는지를 알아낼 방법이 없기 때문이다. 누군가는 우주의 초기 조건을 파악하는 문제에서 영원히 벗어날 수 있어서 오히려 더 나을 수 있다고 생각할 수 있다. 하지만 이것은 여러 급팽창 모형들을 구분하거나, 더 일반적으로 급팽창에 관한 다양한 예측을 만들어낼 가능성이 심각하게 줄어든다는 것을 의미한다. 누가 어떤 생각을 가졌든, 이것은 우리가 알고자 하는 것에 중요한 영향을 끼치는 한계라는 점을 부인할 수 없다.

19

에너지

Energia

이제 우주를 파악하려는 도전의 핵심이자 마지막 문제에 관한 이야기를 해보려고 한다. 우주의 물리적 상태에 관한 설명을 점점 더 먼 시간으로 거슬러 올라가면 갈수록 물리적 상태와 관련된 에너지는 점점 더 커진다. 앞에서 이미 봤지만, 고전적인 빅뱅 모형에서는 에너지의 증가에 제한이 없었다. 초기 순간으로 거슬러 올라갈수록 에너지값이 무한하게 커진다.

에너지값이 무한하게 커진다는 것은 이론적으로만 가능할 뿐이고, 어떤 이유로(현재는 우리가 모르는 이유)든 이 성장이 실제로 무한해질 수 없다는 점을 인정해도, 엄청나게 오래전 과거로 되돌아가면 실험으로 접근할 수 없는 물리적 조건에 이르게 된다. 내가 하려는 말은, 예를 들어 입자 가속기와 같이 통제된 방식의 조건에서 초기 순간을 재현하는 데 필요한 에너지에 도달할 수 있는 실험이란 없다는 것이다. 우리는 지도에는 없는, 혹은 직접적인 경험과 비교를 단 한 번도 해본 적 없는 이론상 개념을 바탕으로 한 가상의 지도에만 있는 영역으로 들어가는 것이다.

이 문제의 의미를 살피기 전에, 우리가 이미 실험을 거쳐 신뢰할 수 있는 물리학을 이용해 접근할 수 있는지 확인하는 것이 좋을 것 같다. 일단 우리가 전자기 신호를 통해 직접적으로 관측할 수 있는 우주의 역사 중 가장 오래된 단계는 우주배경복사가 발생하는 단계, 즉 수소 원자가 재결합하는 시대라는 점을 기억해두자. 당시 우주의 온도는 약 3,000도였다. 우리는 우주의 광구 너머는 볼 수 없지만, 이미 알려진 물리학을 적용해 우주의 이전 상태를 합리적으로 꽤 정확하게 추론할 수는 있다.

'빅뱅' 후 몇 분이 채 지나지 않은 때까지 거슬러 올라가면 핵융합 반응이 가벼운 원소의 핵을 형성한 시기로 가게 되는데, 이때 온도는 수억 도에 이르렀다. 우리의 핵물리학 지식은 상당히 발전해 있어서 이 시기의 조건을 설명하는 데 큰 문제는 없다. 앞에서 봤지만, 실제로 풍부하게 존재하는 가벼운 원소에 관한 이론적인 예측과 실제 관측의 일치가 빅뱅 모형이 성립할 수 있는 전제 중 하나다.

조금 더 거슬러 올라가 '빅뱅' 후 100만 분의 1초를 살펴보자. 이때 온도는 수조 도에 이르렀을 것이다. 이 열에너지는 LHC 가속기 내에서 도달할 수 있는 온도로, 실제 실험에서 성공한 가장 높은 온도다. 당시 우주는 물리학자들이 '쿼크(Quark)와 글루온(Gluon) 플라스마'라고 부르는 물질로 이루어져 있었다. 쿼크는 양성자와 중성자로 구성된 기본 입자이고(당시에는 아직 형성도 되지 않은 입자들), 글루온은 쿼크들을 접착하는 역할을 하는 입자다. 여기까지가 우리가 아는 물리학이 성공을 거둔 실험이고, 이 한계를 넘어서면 직접적으로 확인할 방법이 없다.

문제는 향후 물리학이 조금 더 발전해 우주의 초기 단계를 파악하기 위해서는 지구상의 실험실에서 도달할 수 있는 것보다 훨씬 더 많은 양의 에너지가 필요하다는 것이다. 계산상으로 급팽창에 관한 물리적 현상을 실험하는 데 필요한 에너지를 만들 수 있는 입자 가속기를 만들려면, 가속기의 지름이 우리 은하의 지름과 같아야 한다.

그런데 우리에게 닥친 문제가 단순히 우회해야 할 기술적 한계가 아니라는 점을 명확히 이해해둘 필요가 있다. 미래의 실험이 점점 더 높은 에너지에 도달할 수준에 이르게 된다 해도, 애초에 우리가 뛰어넘을 수 없는 수준이라는 점이다. 우주의 초기 순간과 우리 사이를 막는 이 장벽은 점점 더 멀어져서, 완전히 허물어지는 일이 결코 없을 것이다.

현재로서는 우주의 극초기 순간에 접근할 수 없다는 말이다. 앞서 말한 것처럼, 우리가 관측할 수 있는 아주 오래전 전자기 신호는 우주배경복사이고, 이전에 발생한 모든 것은 간접적으로만 재구성할 수 있다. 이론상으로 전자기 신호가 아닌 다른 신호, 더 이전의 시간대에서 우리에게 도달할 수 있는 신호들을 활용할 가능성이 있다. 그 가능성 중 첫 번째 것은 우주 중성미자 배경(CNB, Cosmic Neutrino Background)인데, 이것은 '빅뱅' 후 약 1초간의 시간 동안 생산되었을 것으로 추정된다. 이 순간 이후 중성미자가 일반 물질과 상호작용하지 않았으므로 이 신호는 재결합 시기뿐 아니라 가벼운 원자핵들의 합성이 일어나기도 훨씬 이전 시대의 우주를 보여줄 것이다. 그러나 중성미자는 포착하기가 어렵고, 이 우주배경을 관측하는 데 필요한 감도에 도달할 수 있을지의 여부도 현재로서는 상당히 불투명하다.

또 다른 가능성은 중력파(Gravitational waves)다. 이제는 우리도 중력파가 존재한다는 것을 알고 있다. 라이고와 버고(LIGO/VIRGO, 미국과 유럽 중력파 관측소) 관측소에서 약 10억 광년 떨어진 위치에서 두 블랙홀의 충돌로 생성된 시공간의 파문을 처음으로 포착한 바 있다. 이것은 일반상대성이론의 예측이 얼마나 대단한지 다시 한번 확인시켜 주었고, 우주 관측의 새로운 창을 열어주었다. 앞으로 몇 년 안에 중력파 관측이 우리가 조사할 수 있는 천문학적 현상의 범위를 확대시킬 것이고, 이들의 연구가 우리에게 놀라운 것을 안겨주게 될 것이라고 예상한다(아니, 그러기를 바란다).

원칙적으로 중력파는 우리에게 '빅뱅' 직후 발생한 사건에 관한 직접적인 정보를 전달할 수 있다. 실제로 급팽창 모형은 가속화 팽창 초기 단계가 끝날 때 생성된 우주 중력파 배경의 존재를 예측하게 해준다. 이 신호는 방해받지 않고 원시 플라스마를 통과할 수 있어서 우리가 '빅뱅' 직후 1초 중 아주 짧은 시간 동안 우주의 상태를 직접적으로 조사할 수 있게 해준다. 그러나 중력파 배경의 존재는 인정한다 해도, 이것을 직접 관측하려면 우주 궤도에 복잡한 측정 장치들이 있어야 한다. 이 장치들은 적어도 수십 년간은 기다려야 할 것이다.

그 사이 우주배경복사에서 원시 중력파가 지나간 흔적을 발견할 가능성이 있다. 하지만 이 가능성은 엄청난 기술적 어려움을 안고 있다. 2014년 몇 개월 동안 바이셉투

(BICEP2)라는 실험이 급팽창에 따라 예상되는 중력파 배경이 존재했다는 증거를 발견한 것처럼 보였다. 그런데 나중에 플랭크 관측 자료에서 이 가능성이 배제되었다. 그래도 이 가능성은 분명 나중에 제대로 검증될 것이고, 우주의 초기 순간에 관한 더 많은 물리적인 단서를 제공할 수 있을 것이다.

궁극적으로 원시 우주는 현실에 관한 본질을 이해하는 데 필요한 우리의 이론을 검증할 수 있는 유일한 실험실이다. 그래서 이미 알려진 물리학을 현실 불가능한 에너지 수준에까지 적용하고, 그러한 조건에 놓인 우주의 움직임에 관한 예측을 해야 하며, 우주론적 관측을 통해 우리의 가설을 확인하거나 폐기해야 하는 악순환에 빠지게 된다. 하지만 애초에 검증될 가능성이 차단된 생각을 바탕으로 한 예측이라면, 어떤 결론이든 문제가 있을 수밖에 없다. 이것은 극복하기 쉽지 않은 근본적인 약점이다.

급팽창의 구체적인 사례를 통해 생각해보자. 현재는 우리가 원하는 체계를 구현할 수 있다고 알려진 스칼라장이 전혀 없고, 아주 장기적으로 보아도 실험실에서의 연구로는 이러한 방면의 단서가 나올 합리적인 전망이 없다. 그래서 기본적으로 모든 가능성이 열려 있다. 앞서 이미 말했지만, 사실상 지금까지 제시된 수많은 급팽창 모형의 매개변수는 관측된 우주의 움직임과 일치할 때까지 거의 무제한으로 변경될 수 있다. 이것은 다만 급팽창 모형에만 국한된 비판이 아니라, 독립적으로 검증된 물리적 기작(機作)으로 유도되지 않은 어떤 대안 모형에도 적용될 수 있는 말이다.

이와 비슷한 경우가 암흑 물질인데, 이미 앞서 설명한 것처럼 비정상적인 천문학적 관측 결과를 설명할 수 있는 입자는 지금까지 없다. 그리고 제시되었던 가상의 입자들은 실험으로 입증된 물리적 모형에 포함되지도 않는다. 실제로 LHC 실험에서 지난 몇 년간 수집된 데이터들은 1980년대 이후로 수많은 물리학자들이 가장 근거가 있다고 여기던 후보들에 관한 연구 의욕을 꺾어놓았다. 이외에도 가능성은 있지만 특별히 어느 한 가지를 급하게 채택할 만한 근거가 없어서, 전체적으로 교착 상태에 놓여 있다. 우리는 올바른 답을 찾기를 바라면서 더듬거리며 탐험하는 수밖에 없다. 그렇다고 이 길을 계속 가는 것이 무의미하다는 말은 아니다. 달리 방법이 없다는 말이다. 하지만 이 길에 난관과 함정이 있다는 것을 인지하고 반복되는 길에 갇히지 않도록 주의해야 한다.

요약하자면, 우리는 저에너지의 세상에 살면서 이 에너지의 기본 법칙을 놀랄 만큼 정확하게 파악했다. 그러나 현재 우리가 직면한 현실은 이전의 아주 높은 에너지 조건의 결과물이고, 이 고에너지를 만족스러울 정도로 이해할 수 있는 개념적 수단이 없다. 우주의 구조는 우리가 그 본질과 동기를 모르는 물질의 형태와 에너지의 존재를 통해, 그리고 우리가 적절하게 설명할 수 없는 과정에서 발생한 초기 조건에 의해 형성되었다. 현실에 관한 어떤 설명이 어떻게든 완전성을 얻고자 해도 이러한 문제들은 피해갈 수 없다.

20

원칙

Fondamenti

바로 앞에서 말했던 내용이 미지의 세상에 대한 굴복이나 현실을 파악하는 과학의 무기력함으로 읽히지 않았으면 한다. 오히려 정반대의 의미가 담겨 있다. 자신의 한계를 인지하는 것은 과학적 방법을 정의하고 효율적이게 하는 행위 중 하나이고, 혼란에 빠지지 않고 불확실성에 직면했을 때 명료한 자세를 유지하는 데 도움이 된다. "모른다"라는 말이 가장 솔직한 말이 되는 경우가 많고, 증거를 바탕으로 하지 않은 상태에서 자기주장을 하는 것보다는 훨씬 나은 대답이다.

그래서 나는 '이미 알려진 세상의 끝에, 지식의 헤라클라스 기둥 앞에 도착하면 우리는 무엇을 해야 할까?'라는 마지막 질문에 도달하게 된다. 여기에 대답하는 방식에 이 세상을 알고자 하는 우리 노력의 의미와 포부가 담기므로 상당히 중요한 질문이라고 생각한다. 우리가 원하는 것과 우리가 찾고 있는 것, 명백하게 혼란스러운 현상의 흐름 속에 존재하는 질서를 찾는 일을 시작해야 하는 동기를 알려주는 질문이다.

이 책의 초반부에 나는 과학과 연구에 가까워지게 만든 몇 가지 질문이 인류에 관한 본질적이고 거대한 질문이고, 궁극적으로 '우주는 왜 존재하는가?'라는 기본적인 질문에서 비롯된다고 말한 적이 있다.

우리는 이 질문의 답에서 얼마나 멀리 떨어져 있을까? 이 질문에 과학이 우리에게 전하는 의미가 있을까?

우리가 '왜'라고 물을 때, 어떤 의도가 담겨 있는지부터 알아야 한다. 내 딸이 내게 "아빠, 태양은 왜 빛나?"라고 묻는다고 가정해보자. 내가 딸에게 할 수 있는 아주 합리적인 대답은 "태양 안에서 핵반응이 일어나 에너지를 생산하기 때문이야"일 것이다. 분명히 이 대답은 실제로 태양이 **어떻게** 빛나는지에 관한 대답, 즉 태양을 빛나게 하는 체계가 어떤 것인지에 관한 답이다.

이때, 내 딸은 이렇게 계속 물을 수 있다(아니, 분명히 고집스럽게 물을 거다). "알았어, 그런데 **왜** 빛이 나?" 딸 아이는 또 다른 유형의 이유를 암시하는 질문, 즉 '태양은 **왜** 존재하는가?'를 묻는 것이다. 그럼 나는 "과거에 기체 성운이 있었는데, 중력으로 인해 점점 더 수축하고 온도가 올라서, 방금 내가 말한 핵반응을 일으키게 되어 태양이 존재하게 된 거란다"라고 대답할 수 있다. 그러고 나서도 기체 성운이 형성된 체계를 포함해 우리가 알고 있는 우주의 모든 역사를 생각하게 될 때까지 설명의 범위를 넓혀갈 수 있다.

하지만 내 딸은 여전히 불만족스러울 수 있다. 딸 아이의 질문은 "태양은 **어떤** 목적으로 빛이 나?"라는 **의미**에 관한 의문을 품을 수 있다. 이때 나는 과학자로서의 대답을 멈춰야 한다. 과학은 이러한 유형의 질문을 다루지 않기 때문이다. 이유는 간단하다. 이런 질문이 합리적이라는 그 어떤 증거도 없기 때문이다. 예를 들어, 태양은 인간에게 빛을 주기 위해 당연히 빛나야 하는 게 아니다. 만약 그렇다 해도 인간은 우연히 별 주위를 회전하는 행성에서 진화했을 뿐이고, 살기 위해 별빛을 필요로 하는 것도 인간 자신의 문제다.

그래서 가끔, 조금 단순하지만, 과학은 **왜**가 아닌 **어떻게** 된 것인지에 관한 답을 하는 것이라고 말할 때가 있다. 실제로 과학은 세상에서 벌어지는 일들의 이유를 설명하지만 (적어도 그러려고 한다), 과학을 하는 이유에서 사건 이면의 어떤 목적이나 목표가 있다는 생각은 배제된다. 배제의 이유는 순전히 실용적인 차원이다. 지식의 역사 중 어느 시점부터 어느 한 가지 목적에 치우치는 경향성을 가진 가설 없이도 자연 현상을 적절하게 이해할 수 있다는 것을 알게 됐기 때문이다. 태양이 빛을 내는 이유는 이전에 우주에서 특정 조건을 만들어내는 사건들이 발생했기 때문이다. 과학에서는 이러한 사실을 가지고도 충분히 현재 태양의 상태를 온전히 설명할 수 있다.

뭐, 좋다. 그러면 세상사의 의미나 목적, 궁극적인 목표 같은 것은 제쳐두고 생각해보자. 그래도 또 다른 의문이 남는다. 과학이 우주 안에서 벌어지는 모든 현상을 설명하는 것과 똑같은 방식으로 우주 전체를 설명할 수 있을까? 다시 말해, 우주의 존재에 관한 질문을 방법의 차원에서 재구성해 답을 찾을 수 있을까? 우주는 자연적인 모든 사건의 배경이다. 자연에서 발생하는 모든 것을 만드는 조건을 결정한다. 우주의 하위 집합의 과거 상태를 파악하면 모든 현상을 이해할 수 있다. 그리고 궁극적으로 모든 설명은 우주 전체로 확장할 수 있다. 그런데 과학이 우주 자체를 설명하려면 무엇에 기대야 할까?

과학자들은 이 문제에 관해 대략 두 가지 관점을 취한다. 첫 번째 관점은 이런 유형의 문제에 끝없이 이유를 물어 다른 사람들을 짜증 나게 하는 아이들을 대할 때와 똑같은 자세를 취하는 것이다. 다시 말해, 버틸 때까지 버티다가 그만하라고, 설명할 것이 없다고, 세상은 원래 그런 것이라고 말하는 것과 비슷하다. 정당하고 논리적인 입장이며, 우주 안에서 발생하는 무궁무진한 자연 현상에 대한 질문은 끝이 없는 데 반해 아직 우리에게는 만족스러운 설명서가 없으니 사람들의 호기심에 널찍한 공간을 열어두는 입장이기도 하다. 사실 과학자들 대부분의 일상적인 연구가 이런 유형의 질문과 관계가 있다.

반면, 두 번째 관점은 현실에 관한 완벽한 설명을 찾는 사람들의 관점으로, 이 책 초반에 언급한 호킹의 말에서 떠오를 만한 설명을 찾는 것이다. 이 관점의 지향점은 다른 무엇인가를 언급하지 않고 우주의 존재를 설명하는, 완벽하게 차단되고 일관성 있는 우주론이다. 이런 이론에서 설명되지 않는 것은 전혀 없다. 이 이론에 따르면 우주가 존재하는 데, 다른 그 어떤 방식으로도 존재할 수 없으므로 우리가 보는 그대로의 모습을 취한다. 알베르트 아인슈타인을 포함한 수많은 물리학자들이 꿈꾸던 것도 이 관점이었다.

내가 보기에는, 이 두 관점 모두 각각 불만족스러운 부분이 있다. 첫 번째 관점은 우리가 사물을 이해하려는 의지와 충돌하는데, 우리에게 던져지는 질문을 외면하기가 쉽지 않다. 우리는 알고 싶고, 앞으로 더 나아가고 싶은 마음을 포기하는 방법을 모른다. 우리가 결코 알 수 없는 일들이 있다 해도, 여기서 멈추면 시작도 못하고 지는 것이다. 하지만 저 멀리 지식의 경계선을 향한 발걸음을 옮기고 싶다면, 답이 나올 가능성이 없어 보이는 질문을 자기 자신에게 던질 수 있는 용기를 가져야 한다.

반면 두 번째 관점은, 내 생각에 순진한 측면이 있어 보인다. 어떤 지식 체계는 한계가 있고, 어떤 것은 그저 일시적일 뿐이고, 어떤 것은 극복할 수 없다는 것을 간과하는 관점이기 때문이다. 게다가 완벽한 설명에 이르기가 어렵다는 것을 금방 알아채고 현실에 스스로 만족해버리기 쉽다. 그리스의 회의주의 철학자 아그리파(Agrippa)의 시대부터 있었고, 현대에는 '뮌히하우젠 트릴레마(Munchhausen trilemma)'로 용어가 바뀐 개념이 있다.[49] 독일의 작가이자 과학자인 루돌프 에리히 라스페(Rudolf Erich Raspe, 1736~1794)가 쓴 소설의 주인공 뮌히하우젠 남작은 우연히 늪에 빠지자 자신의 머리카락을 위로 잡아당겨 빠져나가려 한다. 우습지만, 우리의 지식을 정당화하려 할 때 우리도 인식하지 못한 사이 이런 우스꽝스러운 상황에 놓이게 될 때가 있다. 사실 뮌히하우젠 트릴레마는 우리에게 단 세 가지의 가능성만 있다는 개념이다. 첫 번째는 다른 무엇인가를 바탕으로 정당화를 해야 하고, 이 무엇인가는 또 다른 무엇인가를 통해 정당화가 되어야 하고, 이 또 다른 무엇인가는 또다시 다른 무엇인가를 바탕으로 정당화되어야 하는, 끝없이 정당화된 근거를 필요로 해야 한다는 것이다. 두 번째는 악순환에 빠질 가능성이다. A가 B를 정당화하고, B는 A를 정당화하는 식이다. 세 번째는 정당화할 필요가 없거나 정당화할 수 없는 정당화가 존재한다는 것을 인정하고 정당화의 사슬 중 어느 한 지점에서 중단하는 것이다. 트릴레마의 가능성 중 그 어느 것도 탐탁스럽지는 않지만, 우리는 이 중 한 가지를 선택해야 한다.

이쯤에서 인류가 우주의 존재를 정당화하기 위해 고안한 창조 신화들을 조금 더 주의 깊게 살펴보면, 일반적으로 두 부분으로 구성되어 있다는 것을 알게 된다. 한 부분은 역사적이거나 사실적이고, 세상이 진행되는 방식과 관련이 있다. 이 부분은 이제 과학의 총체적인 역량이 되었다. 다른 어떤 지식 체계도 과학적인 방법만큼 우주 내에서 발생하는 사건들의 설명에서 달성한 수준의 성공을 거둔 것이 없다. 은하가 어떻게 형성되었는지, 우리 태양계나 행성이 어떻게 나타났는지를 알고자 할 때, 우리는 과학에 물어야 한다.

그런데 다른 한 부분은 존재의 기초와 더불어, 존재하는 모든 것의 정당화와 관계가 있다. 무한하고 절대적이며, 다른 그 어떤 것에도 의지하지 않는 부분이다. **모든** 것과 관련이 있기 때문에, 어원학적으로 **이해**될 수 없는 것과도 관련이 있다. 왜냐면 이해한다는 말은 광범위한 의미로 포용한다는 뜻도 담고 있으니 말이다. 이것은 신화가 생성되고 키워지는 토대다. 여기서 중요한 것은 공간과 시간 속에서 발생한 사건의 연결이 아니라, 현실이 존재한다는 사실 자체와 순수하고 단순하게 두 눈을 뜨고 저 밖에 무엇인가가 있다는 것을 인지하는 것이다. 우주의 시작이 있었는지 아닌지는 그다지 중요치 않다. 이 부분과 관련해 중요하고, 우리를 놀라게 하는 것은 우주가 있다는 것 자체다. 궁극적으로 모든 신화는 우주의 존재 자체에서 모든 경이로움의 진정한 근원을 인식하고, 이 기본적인 내용을 다루면서 상징적이고 간접적인 방식으로만 풀어낸다. 아무것에도 의존하지 않는 것을 관찰할 수 있는 관점은 존재하지 않는다. 그리고 모든 것을 포용할 수 있는 외부의 시선도 존재하지 않는다.

절대자에 관한 끌림은 유한하고 종속적이며 한계가 있는 과학자에게는 해당하지 않고, 당연히 과학이 다루어야 할 주제가 아니라고 말할 수 있다. 과학은 관계를 통해 무언가를 알아낸다. 그러나 과학은 우주를 세상에 존재하는 모든 것으로 이해하려는 방향으로 이끈다. 그래서 나는 과학자가 우리가 알 수 있는 한계를 기억하는 일이 중요하다고 믿는다. 왜냐면 완전히 경험적인 평가 가능성의 범주를 벗어나는 질문들이 존재하고, 이 질문들을 풀려면 궁극적인 분석에서 과학적이기보다는 철학적인 가정이나 선택에 기대야 한다는 점을 보여주기 때문이다.

우리가 원하든 아니든, 모든 인간 무리는 공통된 신화와 연결되어 있다. 현재 대다수의 우리에게(나도 포함해서) 우주를 설명하는 기준의 틀은 현대 과학의 기준이다. 그러나 과학은 우리가 공유해야 하는 여러 기본 사항을 바탕으로 한다. 그 가치를 받아들이지 않는다면, 자연에 관한 질문을 시작할 수 없었을 것이다. 게임의 법칙을 인식해야 하고, 그 인식을 바탕으로 현실에 관한 과학적 설명이 단순화되어 있는 지도, 즉 우리가 원하는 만큼 유용하고 효율적이지만, 현실 자체는 아닌 지도라는 점을 깨달아야 한다.

과학이 데이터와 가설을 비교하는 기계적이거나 자동화된 과정이라는 생각은 절대적으로 옳지 않다. 과학은 연구하는 사람의 적극적인 참여를 필요로 하고, 연구자의 성향과 연구 방향을 반영하며, 암묵적이든 명시적이든 항상 철학적 신념에 젖어 있다. 이 책을 뒤적이다 보면 이 같은 다양한 유형의 사례를 찾아볼 수 있다. 정적인 우주를 선호하던 고집스러운 아인슈타인부터, 우주 공간에 특권적인 위치가 존재하지 않다는 생각, 빅뱅 모형에 대한 반감 등이 그러한 예다. 그렇다고 부끄러워할 것은 없다. 다만 우리가 가진 지식의 개념적 바탕을 인정할 수 있어야, 합리적으로 토론을 하고 대안을 찾아 비교할 수 있다.

조금은 역설적이지만, 오늘날 우주론에서 상당히 논란이 되는 수많은 개념이 본질상 직접적이든 간접적이든 경험적 증거가 뒷받침되지 않는 형이상학적인 문제임에도, 정작 이러한 개념을 확신하는 추종자들은 철학의 종말을 비롯한 그 어떤 질문에도 답을 내놓는 과학의 무한한 능력을 선전하는 데 주저함이 없다.[50)]

우리가 아는 것 이상으로, 어쩌면 알 수 있는 것보다 더 많은 것을 알아내려는 우리의 뚝심 있고 감동적인 시도 속에서 인지하게 된 것이 이러한 개념들이다. 또 내가 이 책의 마지막 부분에서 탐색하려 하는 것도 이 개념들이다.

IV부

더 먼 곳을 향해

Spingersi oltre

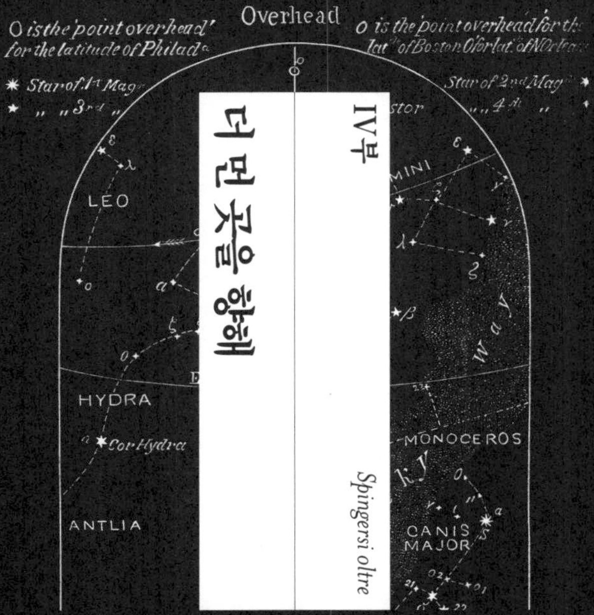

알고자 하는 욕망은
인간이 경험적 근거 없이, 간단히 말해 형이상학을 통해
순수한 사고로 객관적인 세상을
합리적으로 이해할 수 있다는 망상을 갖게 만든 적이 많다.

—

알베르트 아인슈타인,
《일반화된 중력이론에 관하여(*On the Generalized Theory of Gravitation*)》

21

기원

Origine

우주를 설명하려는 인류의 도전을 살펴보고자 이 여행을 시작했을 때, 우리는 우주가 기원이 있거나 없다는, 두 가지 선택지가 존재한다는 것을 보았다. 이쯤 되면 여러분도 여전히 인류가 과학적 관점에서 이 문제를 해결하지 못했다는 것을 눈치챘으리라 생각한다.

이 두 가지 선택지 중 어떤 것이 옳은지 우리는 모른다. 지금까지 우리가 아는 것은 아주 한정적인 것, 즉 관측 가능한 우주는 약 138억 년 전에는 아주 작은 영역에 해당했으며, 뜨겁고 밀도가 높았다는 것이다. 이 맥락에서 '기원'이라는 단어를 좁은 의미로 이해한다면, 그 원시 상태를 현재 우주의 기원으로 간주할 수 있다. 사실 우리는 원시 우주 상태 이전에 정말 무엇이 있었는지 모르고, '이전'이라고 말하는 것이 실제로 의미가 있는지조차 알 수 없다. 물론, 시간과 공간이 과거 어느 시대에 시작되었는지, 혹은 원래부터 존재하고 있었는지에 관해서도 전혀 알 수 없다. '빅뱅' 직후 약 100만 분의 1초부터 발생하기 시작한 일에 관해 놀라울 정도로 정확하게 설명할 수 있는 수준에 이르렀지만, 그 가상의 사건에 '빅뱅'이라는 일반적인 명칭을 붙인 특이점이 실제로 있었는지 알 수 없다. 심지어 우리가 관측할 수 있는 우주의 일부가 지평선 밖에 존재하는 모든 것과 어떤 관계가 있는지조차 모른다.

앞에서 본 것처럼, 모든 기원을 다룰 때 맞닥뜨리게 되는 두 종류의 어려움이 있다. 우선 경험적인 증거가 충분치 않다는 문제가 있는데, 우리가 우주를 관측할 때 자유자재로 시간을 거슬러 올라갈 수 없다는 것이다. 우주 진화 중 일부는 우리의 시선이 닿지 않는 곳에 숨어 있고, 영원히 그렇게 숨은 채로 남아 있을 가능성이 크다. 그런데 여기에 개념적인 문제도 있다. 우리가 오늘날의 우주를 파악하기 위해 개발한 물리적 수단들은 확실히 불완전하고, 우주의 초기 순간을 설명하기에 적합한 수준이 아니다.

이 관점에서 볼 때 가장 큰 장애물은 일반상대성이론과 양자물리학이라는 위대한 두 현대 물리학 이론이 서로 호환되지 않는다는 점이다. 두 이론 모두 각자의 영역에서 전례 없는 유효성과 효율성을 증명해 보였다. 일반상대성이론은 중력이 결정적인 대규모 시공간의 특성을 아주 정확하게 설명했고, 양자역학은 중력이 무시되어도 되는 미시적 현상을 다루는 데 큰 성공을 거뒀다. 하지만 이 두 이론을 한 집에 두려 하면 양쪽 모두 광란 상태에 빠지게 된다.

우리가 우연히 연구하게 되는 현상 대부분이 이 두 이론 중 한 가지로, 다른 이론을 방해하지 않고도 사용할 수 있으므로 보통은 문제가 생기지 않는다. 은하는 양자역학과 전혀 관련이 없고, 원자는 일반상대성이론이 없어도 상관없다. 그러나 원시 우주의 경우에는 이러한 분리가 불가능하다. 우리는 엄청난 밀도의 미시적 체계를 설명해야 하는데, 중력을 간과하거나 양자역학의 내용을 무시하고는 설명 자체가 불가능하다. 조금 더 정확히 말하자면, 중력의 양자론이 필요하다. 문제는 그런 이론을 우리가 손에 쥐지 못했다는 것이다.

양자 중력에 관한 만족스러운 이론을 얻기 위해 수십 년간의 역사 속으로 뛰어드는 데는 다 그럴 만한 이유가 있다. 명석한 아이디어와 더불어 헛걸음도 많았지만, 활발한 논쟁과 열띤 지적 경쟁이 가득해 내가 딱히 평가할 수는 없으나 확실히 매력적인 연구 분야다. 이 연구에는 크게 두 가지 기본적인 접근법이 있다. 한 가지는 세 가지 기본 상호 작용을(전자기와 강하고 약한 두 핵의 상호작용) 통합해 중력을 다루는 것이고, 다른 한 가지는 양자역학의 원리를 직접적으로 중력에, 즉 시공간에 적용하는 것이다. 첫 번째는 끈 이론(String theory) 접근 방식이고 두 번째는 루프 양자 중력 이론(Loop quantum gravity theory) 접근 방식인데, 실재하는 기본 구조에 관한 만족스러운 그림에 도달하기 위한 도전 중 가장 쟁쟁한 경쟁자들이다.[51)]

이 두 접근법의 장단점에 관한 평가는 않겠다. 내가 온전히 평가할 만한 능력이 안 되는, 전문성이 매우 높은 연구 분야이기 때문이다. 개인적으로 그저 호기심과 관심을 많이 두고는 있지만, 본질적으로 불가지론적인 관찰자의 입장으로 외부에서 진행 과정을 지켜볼 뿐이다. 하지만 그 누구도 탓하지 않고, 지금까지 양자 중력 이론에 도달하기 위해 쏟아온 노력으로 어느 정도 전망도 있고 또 고무적인 결과가 나오기는 했지만, 여전히 결정적인 답이 나오지 않았다는 점만큼은 말할 수 있을 것 같다.

이러한 불확실성은 우주의 시작을 설명하거나 실제로 시작이 있었는지 알아보려는 과정에 반영된다. 내가 우리 앞에 놓인 중요한 대안들을 제시하기는 할 테지만, 처음부터 명확히 하고 싶은 점은 현 상태에서 이 대안 중 그 어떤 것도 이론적인 차원에서는 물론, 경험적인 차원에서도 손꼽을 만한 실질적인 타당성을 갖고 있지 않다는 것이다. 당연히 그 대안들이 모두 옳을 수는 없다.

첫 번째 대안은 정확히 우주에 무한한 밀도와 에너지가 있던 초기 순간에 특이점이 있었다고 보는 것이다. 말하자면 진정한 '빅뱅'이다. 이 경우, 아무것도 없는 상태에서 공간과 시간이 특이점으로 나타난 것이라는 생각을 갖게 할 여지가 있다. 사실, 이렇게 보는 방식도 특이점 이전에는 시간이 없었다는 점에서 오해의 소지가 있고, '나타난다'라는 동사에서 암시되는 과정이 시간적 순서 없이 잘못 정의된 것으로 보인다. '빅뱅' 이전에는 무엇이 있었는지, 혹은 '빅뱅'의 원인이 무엇인지에 관해 궁금해하는 것은 아무 의미가 없거나, 우리의 평범한 정신적 능력을 활용해 얻을 수 있는 최소한의 의미도 없다. 여기서 말할 수 있는 것은, 과거 우주에 특이점이 있었다면 초기 순간도 있었다는 것뿐이다.

이 대안과 관련해, 스티븐 호킹이 증명한 정리가 있는데 (수학자이자 이론물리학자 로저 펜로즈Roger Penrose의 이전 연구 결과에서 시작된), 일반상대성이론으로 설명되는 우주가 평범한 물질과 에너지만 갖고 있고 과거에는 특이점이 있었을 것이라는 내용으로, 완벽한 논리 구조를 만드는 데 성공한 것처럼 보인다. 하지만 이 정리는 여러 허점이 있다. 사실 우리는 일반상대성이론 하나만으로는 우주의 초기 순간을 설명할 수 없다는 것을 이미 알고 있다. 그리고 우주에는 우리에게 익숙한 유형의 물질과 에너지만 포함되어 있는 것이 아닐 수 있다. 예를 들어, 진공 에너지는(아인슈타인의 우주 상수, 혹은 현대의 수많은 우주 상수 변형물들) 호킹과 펜로즈 정리의 가설에도 위배된다.

따라서 우주의 밀도가 무한한 적이 없었고, 아무 특이점도 없었을 가능성이 농후하다. 하지만 이것은 우주의 나이가 유한할 가능성을 열어두게 만드는 근거가 된다. 호킹은 1980년대에 물리학자 제임스 하틀(James Hartle, 1939~)과 함께 **무경계**(No-Boundary)라는 모형을 고안했다. 이 명칭은 초기 순간에 가까워지면 시간의 속성이 점진적으로 변화해 공간으로 바뀐다는 내용에서 붙여진 것이다. 실제로, 제임스 하틀과 호킹의 생각은 고전적인 빅뱅 모형이 예측한 특이점에서, 평범한 시공간을 공간적인 4차원으로 대체한 것이다(일반적인 3개 차원에 새로운 공간 차원으로 마련된 시간 추가). 이 경우, 시간은 무한대로 거슬러 올라가지 않지만, 진정한 초기 순간은 없다. 그런데 이러한 상황을 직관으로 이해한 척할 수는 없다. 물리학자가 방정식에서 의미를 읽어낼 수는 있지만, 우리가 직접적으로 경험한 것으로는 아무것도 기록할 수 없는 추상적인 수학 구조이기 때문이다.

어쨌든, 호킹은 경계 없는 시간의 개념을 설명하기 위해 지리학적 은유를 사용한다. 우리가 지표면에서 사용하는 공간 좌표계인 경도와 위도를 생각해보자. 지리적으로 북극과 남극 두 지점이 있는데, 어떻게 보면 이 지점들에서 좌표가 사라진다고 볼 수도 있다. 하지만 실제 지표면상 이 지점들에서 그런 드라마틱한 일은 전혀 일어나지 않는다. 양극의 상황도 다른 모든 지점과 다를 바 없다(사실 지리학적인 양극을 다른 곳으로 이동시키면 좌표를 변경하는 것은 그리 어렵지 않다). 가령 지금 있는 곳에서부터 북쪽으로 걸어가 북극에 도착한다고 생각해보자. 좌표계상에는 더 북쪽 지점은 없다고 나오지만, 그 무엇도 같은 방향을 향해 계속 이동하는 길을 막지 않는다. 마찬가지로 제임스 하틀과 호킹의 모형에서도 시간이 임의로 거꾸로 확장되지는 않지만, 진정한 시간의 경계는 결코 만날 수 없다. 우주의 나이는 유한하지만 기원은 없다. 이러한 우주는 표면의 시작도, 끝도 없는 구형처럼, 시간의 흐름 속에서 완전히 자급적이다. 이 우주는 어떤 특정한 사건으로 발생하지 않는다. **이런 우주가 있다**라고 말할 수 있지만 그게 전부다.

좀 더 일반적으로, 양자 중력에 관한 많은 접근 방식에서 시간이 자연의 기본 속성이 아니라고 보는 생각은 흥미롭다. 시간은 정말 존재하지 않고, 일종의 환상, 혹은 더 정확하게는 '불현듯 나타난' 특성이라고 할 수 있다. 이것은 높은 수준의 설명적 맥락에서만 나타날 수 있는 내용이다(물의 단일 분자 수준에서는 나타나지 않고 수많은 다른 분자와의 상호작용을 통해서만 나타나는 물의 액체성과 다소 비슷하다). 우리에게는 시간이 매 순간 연속적으로 일어나는 사건인 것 같지만, 실제로는 현실에 관한 우리의 불완전하고 한정적인 시선으로 인한 근사치에 불과할 수 있다.

상황이 이렇게 돌아간다면 우주의 기원 문제는 사라질 것이다. 초기 순간이 있는 듯 보이는 쪽으로 다가가다 보면, 현실이 평범한 경험과는 완전히 다른 의미를 갖게 될 것이고, 시간의 개념은 전혀 유용하지 않을 것이다.

우주 모형의 또 다른 큰 범주는 시공간의 시작이 없었다는 개념이다. 만약 이 가능성이 있다면, 우주의 팽창 증거와 더불어 시간을 뒤로 되돌릴수록 우주 공간 속 두 지점 간의 간격이 점점 더 좁아진다는 사실과 어떻게 조화될 수 있을까?

앞에서 본디, 골드, 호일의 정적인 우주 모형이 과거에 무한한 시간(공간)이라는 목표에 도달하려 했던 것을 보았다. 그런데 그것이 가능하려면 아무것도 없는 상태에서 물질이 지속적으로 생성된다고 가정해야 한다. 그런데 우주의 기원을 독립적으로 보지 않으려는 것은 외딴 공간에 증거를 숨기고, 우주의 기원을 무한대로 증가시킨다는 것을 의미한다. 오늘날 우리는 우주가 과거에 아주 뜨겁고 밀도가 높았다는 증거를 가진 덕분에 이 모형이 완전하지 못하다는 것을 잘 알고 있다. 하지만 시간이 임의로 거꾸로 흐르는 모형을 만들 수 있는 가능성은 남아 있다. 우주에서 진화가 시작된 고밀도와 고온의 상태가 기존의 틀 내에서 만들어졌다는 가정만 성립하면 된다.

예를 들어, 급팽창 모형이 그러한 유형이다. 이 모형은 시공간의 기원이 아니라, 거시적인 시공간의 영역이 어느 순간 우리에게 관측되는 것과 유사한 우주에서 진화된 것일 수 있다는 물리적 체계만을 설명한다. 급팽창 모형이 큰 호응을 얻게 된 이유 중에는, 아주 일반적인 조건부터 매우 간단하게 우주의 생성이 가능해 보인다는 것도 포함된다. 이 가정의 현실적인 타당성에 관해서는 나중에 다시 이야기할 것이다.

그런데 급팽창 모형이 시공간의 기원을 피하는 유일한 방법은 아니다. 우주가 순환적일 수 있다는 가능성, 즉 탄생과 죽음의 단계가 끝없이 계속될 수 있다. 고전적인 빅뱅 모형에서만큼 오래되고, 이 모형에서 설명하는 우주처럼 궁극적으로 영원히 사라지지 않을 가능성이다. 순환 우주의 첫 번째 모형은 알렉산드르 프리드만이 제안한 것이기도 하다. 앞에서 봤지만, 프리드만은 우주의 곡률이 양수일 경우 팽창이 멈추고 수축으로 변경된다는 것을 보여주었다. 수축의 최종적인 결과는 스펙터클한 '빅뱅', 즉 특이점으로 보일 수 있다. 그런데 여기서 멈추지 않는다. 이 최종적인 특이점은 새로운 우주의 초기 특이점과 일치할 수 있고, 그런 식으로 우주는 영원히 계속될 수 있다.

프리드만의 순환 모형은 순수하게 수학적이었지만, 수십 년 동안 다른 우주론 연구자들이 더 엄격한 물리적 기반을 마련하기 위해 노력했다. 지난 몇 년 동안 순환 우주론은 루프 양자 중력과 끈 이론 등에서 다양하게 제안된 급팽창 이론의 대체 모형들과 함께 관심을 끌었다. 나는 다양하게(게다가 복잡하기도 하다) 제시된 체계에 관한 자세한 내용을 다루지는 않을 것이지만,[52] 본질적으로 현재의 팽창 단계가 특이점의 유무와 상관없이 이전 수축 단계의 '반등'에 의해 발생했으며, 이러한 현상이 주기적으로 영원히 반복

된다고 가정하는 모형이라는 점은 짚고 가겠다.

어쨌든 이 분야의 복잡한 상황을 대략적으로나마 요약하자면, 우주의 기원에 관한 현대 과학의 개념은 과거 다양한 창조 신화에서 상상한 모든 가능성의 스펙트럼을 포괄한다고 할 수 있다.

여기에 제시된 여러 모형에 관한 세부사항 이외에 중요한 점이 있다. 우리 우주에 뜨거운 원시 단계가 있었다는 생각이, 시공간이 영원하다는 생각과 마찬가지로 과거 어느 한순간 시공간이 생겨났을 것이라는 생각과 동시에 양립할 수 있다는 것이다.

현재로서는 두 대안 중 하나를 선택할 수 있는 명분이 없고, 이 대안들을 재현할 수 있는 여러 물리적 체계에 관한 명분은 더더욱 찾기 어렵다. 이전의 장들에서 말했던 것처럼, 나는 경험을 통한 기준만을 바탕으로 결정을 내릴 수 있다는 의견을 거의 신뢰하지 않는다. 어쨌거나 확실한 점은 현재의 지식수준에서 그런 식의 결정을 내릴 수가 없다는 것이다.

22

우발성

Contingenza

시간의 흐름 속에서 우주에 기원이 있었는지 그 여부와 상관없이, 우주가 왜 우리가 관측한 방식으로 이루어졌는지를 설명하는 데 문제가 있다.

여기서도 우리는 여러 가능성과 마주치게 된다. 첫 번째 가능성은 우주가 '우발적'이라는 것이다. 이것이 무슨 의미일까? 이것은 우주가 현재 실재하는 바와 다를 수 있었다는 것을 의미한다. 이 경우, 우리는 선택된 체계에 관한 설명, 즉 다른 가능한 방식들이 아닌 이 방식으로 실재하는지에 관한 설명이 필요하다.

물론 **우주 내에서** 일어나는 모든 사건이 우연히 일어난 것임에는 틀림없다. 즉, 어느 특정한 순간에 생성을 위해 형성된 특정 조건들과 자연법칙이 적용된 결과인 것이다. 따라서 이것을 설명하려면 우주의 사건들이 일어나게 된 조건들을 살펴보기만 해도 충분하다. 예를 들어, 우리 태양계의 구성을 생각해보자. 행성은 다섯 개나 여섯 개, 혹은 열한 개일 수도 있고, 행성의 궤도는 우리가 관측하는 것과 다르게 배열되었을 수 있다. 행성이 여덟 개라는 점은 태양계가 형성된 기체 구름 내부에서 발생한 특정 상황에 의해서만 좌우된다. 그러면 왜 하필 그러한 조건이 만들어졌을까? 그 이유는, 구름은 이전의 조건에서 생성되고, 그 조건은 또 그 이전의 조건에서 형성되었기 때문이다.

따라서 우주의 모든 우연적인 일은(특정 행성의 형성 및 세포 복제, 두 기본 입자 간의 충돌) 다른 무엇인가에 의해, 해당 사건의 영향을 받는 상호작용과 조건의 네트워크에 의한 것이고, 이에 관한 설명의 사슬은 임의로 연장되어 공간과 시간 속에 우주 전체가 포함될 때까지 계속된다.

그런데 우리는 우주 자체에 관해 무엇을 말할 수 있을까? 어떤 체계가 우주의 진화를 결정한 초기 조건을 조성했을까? 그리고 그 조건들이 원래 조성된 조건들과 다를 수 있을까? 우주가 우발적이라면, 자연법칙에 관한 완벽한 지식도 우주를 완전히 설명하기에 충분치 않을 것이다. 우주의 특별한 초기 조건에 관한 이유도 명확하게 해둘 필요가 있다.

그 대안은 우주가 다른 어떤 방식으로 존재할 수 없었기 때문에 현재 이러하다는 것, 바꿔 말하면 필요했기 때문에 그렇게 존재하게 되었다는 것이다.

내가 이미 언급했다시피, 이 대안은 다수의 과학자들에게 매력적인 내용이다. 자주 인용되는 아인슈타인의 말 중에 이런 내용이 있다. "내가 상당한 관심을 두고 있는 것은 신이 세상을 창조할 때 선택권이 있었는지다."[53] 물론 아인슈타인은 은유적으로 신을 언급한 건데, 이 문장에 함축된 질문은 우주가 현재의 상태와 다를 수 있었는지를 묻는 것이다. 바뤼흐 스피노자(Baruch Spinoza, 1632~1677)의 추종자라 공언한 만큼 아인슈타인이 그의 생각에 매료됐을 가능성은 충분하다(신을 우주 자체와 동일시했다는 점을 떠올려보라). 네덜란드의 철학자 스피노자는 "자연에서 우연한 것은 아무것도 없으며, 모든 것은 신적 속성의 필요성에 따라 특정한 방식으로 존재하고 작용하도록 결정되어 있다"라고 언급한 바 있다.[54] 아인슈타인에게 "자연은 강하게 결정된 법칙들이 논리적으로 가능하도록 구성되는 것이고, 이 법칙들 속에서 완전히 합리적인 방식으로 결정된 상수들이(즉,

이론을 훼손하지 않고 값이 바뀔 수 있는 상수가 아님) 나타난다"고 생각했다.[55] 간략히 말하면, 자연에 관한 완벽한 설명에는 자유로운 매개변수가 없어야 하고, 합리적으로만 허용되는 것이어야 한다.

그런데 그런 것이 가능할까? 우주를 한 가지 방식으로, 그 방식으로만 존재하게 해야 할 필요성은 무엇일까? 논리적이거나 수학적, 혹은 다른 속성을 지닐 필요가 있을까? 물론 가설과 증명이 필요하기는 하지만, 우주가 윤리적, 혹은 미학적 필요성에(예를 들어, 선의나 아름다움의 극대화) 순종한 덕에 현재와 같이 존재하는 것이라 주장하는 사람도 있다. 이미 알려진 자연법칙을 침해하지 않으면서 발생할 수 있는 모든 가능성을 배제하는 기준이 있을까? 우주는 비어 있었을 수도 있고, 지금보다 훨씬 균질하거나 훨씬 더 불규칙했을 수도 있고, 태양계만큼 작았을 수도 있고, 유한했을 수도, 무한했을 수도 있으며, 수축 중이었을 수도 있고 다른 수많은 상태였을 수 있다. 이것 말고도 다른 가능성도 무궁무진해 보인다.

최근 몇십 년 사이에 등장한 표준 우주 모형이 단순성이나 일관성, 혹은 우아함의 예시에 불과한 것이 아닌지 살펴야 한다. 물론, 한편으로는 우주의 기하학적 특성들이 일반 상대성이론에서 허용하는 가장 균형 잡힌 형태를 유지하고 있기는 하다. 우주는 지금보다 훨씬 더 혼란스럽거나 더 균질하지 않을 수 있었고, 자전하거나 여러 방향으로 불규칙하게 팽창되었을 수도 있는데 말이다. 하지만 수많은 다른 특징들은 혼란스럽고 엉망으로 보인다. 이러한 특징 중 가장 두드러지는 것을 꼽으려 하면, 각자의 밀도값을 갖는(왜 하필 이 값일까?) 서로 다른 두 물질의 유형과(원자와 암흑 물질) 우주 상수의(아주 간단한 가설을 만들기 위한 용도) 존재 이면에 심오한 이유 같은 것이랄 게 있는 것 같지는 않다. 이러한 단순함이 기준이라면, 우리는 선험적으로 훨씬 덜 복잡한 것을 기대했을 것이다.

어쨌든 우주가 어쩔 수 없이 필연적으로 그런 상태에 있게 된 것이라면, 우리는 또 다른 기준 없이 우주의 속성을 완벽하게 구현하는 만능 모형을 만들어내는 것을 목표로 삼을 수 있다. 내부적인 일관된 규칙에 따라 자립할 수 있는 모형 말이다. 그렇다면, 관측이나 경험적 조사가 갖는 의미는 무엇일까? 예를 들어 필연성의 기준이 논리적이거나 수학적인 일관성의 기준이라면, 원칙적으로 우리는 의자에서 일어나 밖을 내다보지 않고도 사고력을 동원해 연역적인 방법으로 간단히 우주를 파악할 수 있을 것이다. 그러나 사실상, 다른 기준이 아닌 일관된 기준의 정당화, 그 한 가지를 위해서도 이 우주 모형은 외부에서 확인이 필요하다. 이 모든 것이 자신의 머리카락을 끌어올린 뮌히하우젠 남작과 매우 유사하다.

개인적으로는 우주가 우발적이라는 것이 훨씬 더 그럴듯해 보인다. 하지만 이것이 우리의 삶을 더 편하게 해주지는 않는다. 우발적 우주를 설명하려는 의욕을 버리지 않는다면 말이다.

예를 들어 우주에 시작이 있었다면, 그 시작 조건이 어떤 체계로 고정되었는지 의문일 수 있다. 그렇다고 사람들이 흔히 단순하게 생각하는 것처럼, 이 의문이 단순히 초기 순간으로 귀결되는 것은 아니다. 원래부터 존재하던 우주나 순환 우주, 혹은 지정된 시간적 경계가 없는 우주의 경우에도, 우리는 단순히 임의로 시간을 거슬러 올라가거나 심지어 시간을 초월하는 방식에서도 같은 문제를 갖게 될 것이다. 어떤 방식으로든 이렇듯 가능성 있는 여러 대안 중에서 선택하게 된다. 그렇다면 어떻게 선택을 할까? 그리고 우리가 그 특별한 조건들을 설명하는 이론을 선택할 가능성은 얼마나 될까?

우리는 이전 장에서 이러한 이론을 경험적으로 검증할 때 부딪히게 되는 숱한 어려움을 보았다. 여기서 중재자 역할을 해야 하는 것은 우주 자체이지만, 이미 보았다시피 공간적으로든 시간적으로든 우리가 관측하는 데는 한계가 있다. 예를 들어, 우리가 관측 가능한 우주와 접근이 불가능한 우주를 구분해야 하는데, 어떻게 해야 예측의 일부만 검증할 수 있는 모형을 존재하는 모든 것으로 확대할 수 있을까?

이 문제의 난도를 완화하는 방법은 초기 조건의 영향력을 줄이는 것이다. 다시 설명하자면, 어떤 이유에서든 서로 다른 초기 조건을 선택했는데도 같은 결과가 나온다면 그 문제는 어떤 면에서 관련이 없다고 생각할 수 있다.

예를 들어, 급팽창은 일반적인 초기 조건에서부터 우리가 관측한 것에 부합하는 우주를(균질하고 등방하며, 지평선 안에서 공간의 곡률이 0이고, 원시 밀도에 약간의 요동이 있는 우주) 만들 수 있는 물리적 체계를 제공한다. 이로 인해, 이미 말한 것과 같이 제시된 수많은 급팽창 모형이 모두 너무 비슷한 결과를 제공하기 때문에 어느 모형이 더 정확하다고 말하기 어려워진다. 여기서 유념해야 할 점이 있다. 급팽창은 상당히 다양한 조건에서 시작될 수 있지만, 그렇다고 **아무 조건**에서나 시작되지는 않는다는 점이다. 게다가 우주의 특성 중에는 급팽창 모형에 의해 해석되지 않을 뿐만 아니라, 오히려 신비롭게 보이는 것들이 있다.

특히, 로저 펜로즈가 처음으로 공개했지만[56] 마땅한 주목을 받지 못한 것이 있다. 우리가 직접적이고 본능적으로 경험하는 것과 깊은 관련이 있어서 자세히 살펴봐야 하는 것, 바로 시간의 흐름이다.

우리는 과거에서 미래로 시간에 방향을 부여하는 데 너무 익숙해져서 그것이 자연의 기본적인 특성이라고 치부하곤 한다. 사실 물리학의 기본 법칙에서는 과거와 현재에 아무런 차이를 두지 않는다. 시간의 좌표는 아무 곳도 가리키지 않는다. 예를 들어, 두 입자 사이의 충돌을 설명하는 고전 역학의 방정식들은 시간의 양방향 모두에서 읽을 수 있다. 완벽한 대칭을 이룬다.

실제로 두 개의 당구공이 충돌하는 짧은 영상을 보면(당구대 표면이 아주 매끄러워 마찰이 거의 없다고 가정), 시간이 과거에서 미래로 흐르는지, 반대로 미래에서 과거로 흐르는지 알아낼 방법이 없다. 하지만 대량의 입자로 구성된 복잡한 시스템이라면 상황이 많이 달라지는데, 예를 들어 바닥에 깨어져 조각나 있던 컵이 다시 조합되어 떠올라 온전한 상태로 탁자 위에 놓이는 영상이라면, 그 즉시 무엇인가 이상하다고 느끼고 누군가 화면을 거꾸로 돌렸다는 것을 알아챈다. 사건의 자연스러운 진행은 다른 문제다. 있는 그대로 내 버려진 사물은 더 무질서해진다.

여기서 시간의 흐름에 관한 감각이 생기게 되는데, 과거에서 미래로 향하는 '시간의 화살'이 존재한다는 느낌은 모두 이 세상을 구성하는 엄청나게 많은 기본 요소들의 통계적인 행위와 연관되어 있다. 이 기본적인 내용은 19세기에 열의 작동을 설명하는 물리학의 한 분야인 열역학의 기초를 다진 물리학자들이 처음으로 알아냈다.

특히 루트비히 볼츠만(Ludwig Boltzmann, 1844~1906)은 시간의 방향이 물리학적 체계 내 무질서의 수준을 대략적으로 설명하는 양인 '엔트로피(Entropy)'와 밀접한 관계가 있다는 것을 알아냈다. 아주 중요한 물리학 법칙에 따르면(열역학 제2법칙), 자유롭게 방치된 체계의 엔트로피는 점점 더 커지는 경향이 있다. 컵이 깨지면 부서진 조각들이 저절로 다시 원상태로 돌아가는 일은 없다. 이것은 일종의 확률 문제인데, 온전한 컵이 조각날 수 있는 방식은 수없이 많지만, 흩어진 유리 파편들이 완벽하게 다시 온전한 컵의 형태를 취할 수 있는 경우는 거의 없다. 본질적으로 엔트로피는 이러한 방식의 수를 산출하기 때문에, 감소보다는 증가하는 경향을 가질 가능성이 훨씬 크다.

따라서 우리가 자연에서 관찰할 수 있는 자발적으로 생성되는 모든 현상은 인체의 노화와 기억의 형성 등을 포함해 엔트로피의 증가를 수반한다. 엔트로피 증가의 전체적인 영향은 과거와 미래 사이의 균형을 깨뜨리고, 시간의 방향을 엔트로피가 커지는 쪽으로, 즉 시간의 화살이 날아가는 방향으로 규정하는 것이다.

하지만 주의할 점이 있다. 과거 우주의 엔트로피가 매우 낮아야 한다. 원시 우주는 깨진 컵이 아니라 온전한 컵과 같았어야 한다는 뜻이다. 여기서 문제가 생기는데, 지금까지 말한 것처럼 우주는 질서 있는 상태이기보다는 무질서한 상태일 가능성이 훨씬 크다. 믿기 힘들 정도로 그럴 확률이 높다. 따라서 우주가 과거에 엔트로피가 가능한 최대 상태와는 거리가 아주 멀었던 이유를 설명해야 한다.

어떤 체계로 엔트로피가 낮은 초기 상태가 만들어졌을까? 그건 우리가 알 수 없다. 우리가 관측하는 우주에 역사가 있고, 우리가 그 역사를 재구성할 수 있다는 사실 자체가 매우 질서 있는 과거 상태의 존재와 밀접하게 관련되어 있다. 우리가 관측하고 있는 것은 사물이 최대한도의 무질서 상태를 향해 천천히 흘러가고 있는 모습이고, 그 최대 상태에 도달하면 시작 상태의 흔적은 모두 영원히 사라질 것이다.

이 질문은 너무 복잡해서 나로서는 단 몇 줄로 요약할 수 없다.[57] 우리 우주의 과거에 낮은 엔트로피 상태가 모든 유형의 기원론, 즉 시간의 시작을 다루는 이론과 우주가 영원하거나 순환한다는 이론의 공통된 수수께끼라는 것을 알리는 것으로 만족하는 수밖에.

그리고 급팽창 모형으로 해결할 수 없다는 것도 당연히 문제가 된다. 급팽창 모형이 빅뱅 모형의 '미세 조정'에 관한 몇 가지 명백한 문제를(우주의 극단적인 균질성과 임계값에 가까운 우주 밀도) 설명하기 위해 도입되었다는 것을 떠올려보자. 그런데 계산에 따르면 급팽창 단계에서 우주의 엔트로피가 엄청나게 증가해야 한다. 이것은 원시 우주의 낮은 엔트로피 상태가 생성되려면, 급팽창이 엄청나게 정밀하게 조정된, 아주 특별한 시작 조건을 갖추어야 한다는 것을 의미한다.

요약하면, 현재의 우리는 우주가 현재 관측되는 방식으로 이루어진 이유를 알지 못한다. 일반적으로 모든 우발적인 현상은 과거의 어떤 순간에 발생한 특별한 조건부터 일반적인 법칙의 작용을 통해 설명될 수 있다. 그러나 우주 전체의 경우, 한정된 초기 조건이 생성된 이유를 파악하는데 개념적으로나 경험적으로 상당한 어려움이 있다.

그리고 우주의 전체적인 진화를 고려하면, 초기 조건과 자연법칙 사이의 경계 자체가 거의 명확해지지 않는다는 점도 있다. 몇 장 전에 이야기한 것처럼, 우리가 같은 체계를 다양한 상황에서 반복적으로 관측할 수 없으면, 이 체계를 통제하는 일반적인 규칙과 우발적인 조건을 구분할 방법이 없다.

그러니 이제 이 문제의 다른 부분으로 관심을 돌려 자연 법칙이 정확히 무엇인지 살펴야 할 때가 되었다.

23

법칙

Leggi

앞장에서 우주가 우발적일 경우(즉 현재의 우주와 다를 수 있었다는 가정), 특별한 초기 조건에 집중하면 우주의 특성에 관한 설명을 얻어낼 수 있다고 언급한 적이 있다. 만일 그렇다고 해도 문제가 완전히 사라지는 것은 아니다. 사실, 우리는 그런 초기 조건이 정확히 왜 발생했고, 그 외에 다른 조건이 발생하지 않았는지 의문을 품을 수도 있으며, 또 그 답이 가능한지 확신할 수도 없다. 우주의 진화에 길을 터준 특정 조건은 처절한 현실, 즉 더는 설명할 것이 없는 상태이거나, 아예 발견 불가능한 것일 수도 있다.

이 설명할 것이 없는 사실의 존재 가능성은 수 세기 동안 논의된 문제다. 내가 이 책의 시작 부분에서 라이프니츠가 공식화한 충족이유의 원리('모든 것에는 원인이 있다')와 흄이 제기한 반대 의견에 관해 언급한 바 있는데, 흄은 인과관계 그 자체가 실질적인 경험적 정당성을 가지는 것은 아니라고 생각했다. 흄의 추론에 따르면, 우리가 자연에서 관찰하는 모든 것은 A라는 특정 현상이 규칙적으로 B라는 특정 현상을 동반한다. 이 결합에서 우리는 관찰된 규칙성을 설명하는 일반적인 법칙을 도출할 수는 있지만, 이 결합에 논리적 필요성을 부여할 권한은 없다. 흄에게 이 귀결은 원인 없는 사건이 존재할 수 있다는 가정에 아무런 모순이 없다.

사실 현대 물리학은 꽤 여러 가지 인과관계를 약화시켰고, 심지어 원자나 아원자와 같은 양자역학에서 잘 설명된 체계의 경우는 인과관계가 완전히 사라져버렸다. 미시적 차원의 왕국에서는 이전의 원인으로 결정되지 않는 사건이 지속적으로 발생한다. 이런 경우 물리학의 예측 능력은 시스템 상태의 확률 계산과 그 계산의 진화에 따라 제한된다. 하지만 단일한 사건은(예를 들면, 방사능 핵의 붕괴) 전혀 불확실하고, 원칙적으로도 예측 불가능하다.

앞에서 본 것처럼, 원시 우주 차원에서는 양자역학적 효과가 더 중요한 역할을 했으리라는 생각이 신빙성이 있다. 따라서 우주의 기원은 일반적으로 경험할 수 있는 것과 유사한, 원인-효력과는 관계없는 맥락에서 발생했을 수 있다고 상상하는 것이 타당해 보인다. 그리고 이것 역시 앞에서 보았지만, 시간의 흐름 속에서 질서가 잡힌 일련의 사건들에 관한 생각도 그러한 조건에서는 의미를 잃을 수 있다. 물론, 우리에게 그러한 상태를 신뢰성 있게 설명할 수 있는 양자 중력 이론이 없으므로, 이 모든 것은 추측에 불과하다.

그런데 흄은, 우주에 시간의 기원이 없을 때 발생할 수 있는 사건의 연속처럼, 각각 이전 사건에 의해 발생한 사건이 무한하게 연쇄된다는 생각을 가졌으므로, 아주 편했다. 이 연쇄의 각 요소에(우주의 각 상태) 이전의 요소에 관한 설명이 함축되어 있다면, 흄이 이 연쇄의 **전체적인** 설명을 찾을 이유가 없다. 그러나 라이프니츠의 추종자들은 반대 논증으로 이의를 제기했는데, 어떤 책의 사본이 무한하게 존재하고, 각 사본은 이전의 사본과 완전히 똑같다고 가정해 보자. 각각 책은 어떤 책이든 복사라는 체계를 통해 완벽하게 설명될 것이다. 그렇다면 책의 특정한 내용은 어떻게 설명할 수 있을까?

요약하면, 우주에서 왜 하필 다른 사건이 아닌 정확하게 그 연속된 사건들이 발생했는지 의문일 수 있다. 이 상황은 유명한 힌두 신화와 비슷한데, 신화에 따르면 세상은 거대한 거북이 껍데기 위에 놓여 있고, 그 거북이는 또 다른 거북이 위에 올라가 있는 식으로 무한대로 이어진다. 하지만 누군가는 이렇게 물을 수 있다. 코끼리나 다른 동물이 아니고 왜 하필 거북이고, 또 코끼리와 거북이가 교대로 등장하지 않은 이유는 무엇인지 말이다.

여기서도 '그렇기 때문에 그렇다'라는 어쩔 수 없이 선택된 길일 수 있다. 그 이상 기대할 수 없다 해도 문제가 될 것은 없다. 결국, 충족이유의 원칙을 고수할 것인지 아닌지는 경험적 조사를 벗어난 철학적 선택이다. 하지만 우리 연구의 방향을 정하는 가정을 인지하고 일관성 있게 따르기는 해야 한다. 우리가 할 수 없는 것은, 실상은 그렇지 않은데 우주가 존재하는 이유에 관한 과학적 설명을 찾았다거나, 찾을 수 있다고 믿는 것이다.

그렇게 되면 결국, 자연법칙에 관한 의문이 생기게 된다. 이 책의 서두에서 과학 탐구는 당연히 기본적인 전제, 즉 우주의 작용이 보편적인 불변의 법칙으로 규정되며, 과학자로서 우리의 임무는 이 법칙을 밝히는 것이라고 했는데, 이 자연법칙의 존재가 너무나 뚜렷해서 우리의 현실 지도의 배경 속으로 사라지기 직전에 이르렀다. 사람들은 더는 이 법칙들이 어디서 나온 것인지, 무엇인지 궁금해하지 않는다. 자연법칙은 지극히 자연스러운 일이라고 말할 뿐이다.

일반적으로 사람들이 받아들이는 자연법칙은 순수한 형이상학적 관념으로 이는 특별한 일이다. 나는 수많은 과학자들이(의식적이든 아니든) 고대 창조 신화에서 초월적 존재나 원칙에 부여하던 현실에 관한 기본적인 역할을 자연법칙에 넘겼다고 믿는다. 실제로 자연법칙이 신이 가진 모든 속성을 가진 것처럼 보인다. 영원하고 불변하며, 시간을 초월하고, 절대적인 데다 보편적이기까지 하니까. 심지어 전지전능하게 보일 수도 있다. 우주의 모든 입자가 자연법칙에 순종할 것이고, 그로 인해 우주의 물질적 내용물에 이 법칙들이 작용하고 그 어떤 것도 이러한 작용을 피할 수 없을 것처럼 보일 뿐 아니라, 존재하는 모든 물질과 에너지의 전체 상태를 매 순간 '알고 있는' 것처럼 보이기도 한다.

그뿐만 아니라, 일반적으로 자연의 그것과는 별개로 현실의 어떤 계획에서 실질적인 실체가 있는 것처럼 자연법칙이 '발견'된다고 말하기도 한다. 시공간을 초월한 완벽한 형태의 세상이 우리가 경험하는 불완전하고 변화하는 자연스러운 세상에 생명을 불어넣는다는 플라톤의 관점과 매우 비슷하다. 여러 이론물리학자들이 확실하게 고수하는 플라톤의 견해가 자연법칙에만 관련이 있는 것이 아니라, 일반적으로 그 자체로 존재하고 물리학계보다 더 현실적이고 본질적인 수학적 진실과도 관련이 있다. (확실한 플라톤주의자로는 로저 펜로즈와 맥스 테그마크를 예로 들 수 있는데, 맥스 테그마크는 모든 물리적 현실이 수학적 구조에 불과하다고 주장했다.)[58)]

결국, 이러한 자연법칙을 이해하는 방식에 과학 혁명의 길을 튼 유럽 문화의 건국 신화, 즉 우주의 초월적 창조자이며 합리성과 질서를 보장하는 최고 입법자의 신화가 반영된 것이 그리 놀라운 일은 아니다. 놀라운 것은 이러한 설명의 기초가 되는 법칙을 설명하지 않고 우주를 완벽하게 설명했다고 주장할 때마다, 이 형이상학적 전제를 덮어 숨기는 경박스러움이다.

예를 들어, 존재에 관한 기본적인 질문을 생각해보자. 왜 아무것도 없는 것이 아니라 무엇인가 존재하는 걸까? 엄격하게 따지면, 이 질문이 의미가 있는지를 두고 논쟁이 있을 수 있다. 우리에게는 아무것도 없는 상태가 존재할 수 있는지에 관한 가정이 가능한 경험적 근거가 전혀 없고, 그런 근거를 이끌어낼 만한 근거는 더더욱 없다. 그러니 우리는 어떻게 아무것도 없는 상태에서 모든 것이 있는 상태가 되었는지를 설명할 물리적 체계를 찾을 필요가 없다. 우주의 존재는 어쩔 수 없는 현실일 수 있으니까.

그러나 어떤 물리학자나 우주론 연구자가 과학이 형이상학의 마지막 보루를 쓸어버렸고, 아무것도 없는 상태에서 우주가 탄생한 기원을 완벽하게 설명할 수 있게 되었다고

의기양양한 주장을 밀어붙인다고 가정해보자.[59] 이 경우, 제로 상태에서 우주 탄생으로 전환이 정확히 어떻게 이루어졌는지 당당하게 물을 수 있다. 그리고 그에 관한 답변은 물리적 법칙의 일종을 바탕으로 한 체계에 의존할 수 있고 말이다. 하지만 우리는 우주의 존재에서 법칙의 존재로 문제를 전환했을 뿐이다. 이 시점에서 물리적 법칙이 어쩔 수 없는 현실이라고 하면서 빠져나가려 한다면 속임수가 된다.

다행히 모든 과학자가 그렇게 경솔하지는 않다. 예를 들어, 적어도 스티븐 호킹은 이 문제를 알고 있었다는 점을 인정해야 한다. 앞에서 본 것처럼, 스티븐 호킹은 우주의 시간적 기원이 완전히 자족적인 것이라고 하면서 이에 관한 질문을 회피하려는 모형을 구상했지만, 한편으로는 이런 의문을 품고 있었다. "방정식에 생명을 불어넣고, 방정식으로 설명될 수 있는 우주를 만드는 것은 무엇인가? 수학적 모형을 구축할 때 만들어지는 일반적인 과학적 접근 방식으로는 수학적 모형으로 설명 가능한 실제 우주가 존재해야 하는 이유에 관한 질문에 답할 수 없다. 왜 우주는 존재의 고통을 겪어야 하는가?"[60]

경험이 밟은 길을 버리면, 형이상학은 빠져나갈 구멍이 없다.

내가 물리적 법칙에 관한 플라톤의 견해에 상당한 의혹을 품고 있는 게 맞다. 내가 보기에는 특별한 문화적 콘텐츠나 신화의 산물 같아 보인다. 수많은 과학 혁명의 주역들이(예를 들면, 케플러와 뉴턴) 우주 창조자의 의지와 계획에 대한 단서를 세상의 질서 속에서 읽고자 하는 열망을 품고 있었던 것도 우연은 아니다. 앞에서 본 것처럼, 이러한 문화적 배경은, 이 또한 신뢰가 가지는 않지만, 아인슈타인부터 호킹에 이르는 위대한 현대 과학자들의 은유와 발언에 남아 있다.

자연 현상이 규칙성을 나타낸다는 점에는 의심의 여지가 없고, 세상의 합리성과 질서에 관한 믿음을 정당화하는 철학적 입장이 없었다면 이렇게 엄청난 과학의 진보는 불가능했을 것이다. 그렇다고는 해도 우리가 우주의 생성에 얽혀 있다는 사실을 놓치면 안 된다. 우리도 우리가 알아내려고 하는 이 세상의 일부일 뿐이다. 우리가 세상을 해석하려는 방식은 인지적, 지각적 한계의 산물이다. 물론 우리와 상관없이 존재하는 현실적인 것과 질서, 규칙성을 연구하지만, 경험을 구성하는 방식에서 어느 정도의 임의성도 있다.

노벨상 수상자인 유진 위그너(Eugene Wigner, 1902~1995)의 말을 빌리자면, 자연법칙에 독립적인 존재가 있다는 개념은 세상을 설명할 때 수학의 효율성이 놀랍거나 신비롭거나, 심지어 비이성적이라는 평가까지 하게 만든다.[61] 그러나 수학 분야가 의도적으로 규칙적이고 대칭적이며, 변하지 않는 현상들의 총체로 제한된다는 점도 과학의 성공에 한몫했다. 질문을 뒤집어 우리가 이해할 수 있는 사건들을 선택한다고 말할 수도 있는데, 우리는 자연스러운 사건의 총체 속에서 체계와 반복성을 추구하는 독특한 성향을 지닌 진화를 통해 형성되었다. 그렇다면 우리가 이해할 수 있을 정도로 아주 단순한 이야기는 완벽한 이야기가 될 수 없다는 의심이 들어야 하지 않을까? 우리가 알아야 할 모든 것을 우리의 뇌가 알 수 있다는 생각의 이면에 인간중심주의의 잔재가 있는 것은 아닐까? 다시 한번 말하지만, 우리보다 훨씬 더 방대하고 강력한 지능, 혹은 근본적으로 우리와 다른 감각 기관이 있는 지능체라면 우주에 관한 무엇을 알아낼 수 있을까?

지난 수 세기 동안, 자연법칙이 무엇인지에 관한 우리의 기준은 변화해왔다. 케플러는 어느 신성한 건축가가 먼저 구축해놓은 수학 정리를 참고해 태양계 행성들의 수와 궤도를 설명하려 했다. 뉴턴의 중력이론은 이 케플러의 고집스러운 시도를 성공으로 뒷받침했고 말이다. 태양계의 구성은 우발적으로 이루어진 것일 뿐, 태양계가 형성된 특정 조건 외에 겉으로 보이는 질서 뒤에는 그 어떤 심오한 아무런 이유가 없었다. 아인슈타인의 상대성이론은 물체가 따라야 하는 우주 법칙에서 시공간 구조의 영향에 이르기까지, 중력의 작용을 다시 한번 해석하게 만들었다. 과학이 현실에 관한 설명의 기초로 삼았던 요소들도 시간이 흐르면서 바뀌었다. 전에는 세상이 절대 시간과 빈 공간 그리고 물질 입자로 이루어져 있었지만, 나중에는 장(Field)이 추가되었고, 공간과 시간이 융합되어 엄격한 기준이 상실되었다. 미래에는 우리가 어떤 기본 요소를 사용하게 될지 아무도 모른다.

어쨌든, 나는 자연법칙이 '저 밖에서' 이미 존재했고 우주를 '생성'하며, 수십억 년 후에 그 우주의 어느 행성에 나타난 한 영장류가 발견해주기를 기다렸다고 생각하기가 어렵다. 차라리 우리에게 적절한 방식으로 현실에 관한 데이터를 구성해, 이해할 수 있는 것들을 시도하는 것이 더 타당해 보인다. 현실의 지도를 만들어 적용되는 한 이용하는 것이다.

그래서 나는 자연법칙이 실체가 없고, 우리가 세상을 깊이 들여다보면 들여다볼수록 점점 더 증발할 가능성이 있다는 점에 더 끌린다.[62]

어쨌든 자연법칙의 기원에 관한 질문의 답이나, 이 법칙들이 다른 방식도 아닌 현재의 방식으로 존재하는 이유에 관한 설명이 없다는 점만큼은 명확히 하고 싶다. 그런 답변이 존재한다거나, 그런 답을 찾을 수 있다는 말은 하면 안 된다. 이와 관련된 모든 입장은 과학적이 아니라 철학적인 입장이기 때문이다. 그래서 나는 다른 입장은 생각지 않고 한 입장만 아무 비판 없이 선택하는 일이 얼마나 위험한지 아는 것이 중요하다고 생각한다. 내가 보기에 플라톤식 견해의 위험성은 수학적 논리만을 통해 세상을 이해할 수 있을 것이라 믿고, 경험의 역할을 무시하며 대칭과 일관성, 단순성과 같은(심지어 우아함이나 아름다움으로) 추상적 원칙에 따라 세상을 이끌려 하는 것이다.

유일하고 필수적인 자연법칙이 존재한다는 주장을 포기하고, 이러한 주장에 따르는 형이상학의 짐에서 벗어나면, 더 나은 길이 나올 수 있을까? 존재하는 모든 것의 이면에 시간을 초월한 질서, 우리의 관찰 포인트와 완전히 구분되는 질서가 있다는 생각을 포기하면, 관측 가능한 우주가 왜 하필 지금과 같은 속성을 지녔는지 알아내는 데 도움이 될 수 있을까?

24

다중우주

Multiverso

앞서 관측 가능한 우주와 존재하는 모든 것을 의미하는 '우주'를 구분해야 한다고 말한 적이 있다. 그 구분이 우리가 앞에서 봤던 질문들, 즉 우주가 왜 이런 상태인지, 혹은 왜 존재하는지, 우리가 말하는 우주는 어떤 것인지 등에 관한 의문과 마주칠 때 혼란이 생길 수 있을까? 우리가 직접 조사할 수 있는 우주, 혹은 모든 것이 존재하는 '우주', 둘 중 어디에 혼란이 생길까?

가능한 범위 내에서 조금 더 명확히 해보자. 내가 보기에는, 무엇보다 최근 몇 년 동안 지평선 너머에 있는 것에 (혹은, 좀 더 일반적으로 우리가 직접 접근한 시공간 영역의 바깥에) 의

존해 관측 가능한 우주를 설명하려는 생각이 자리를 잡았기에 이는 중요한 문제다. 간단히 말하자면, 이러한 시도는 '발생 가능한 모든 일이 일어난다'는 문장으로 요약할 수 있다. 조금 더 간략하게 말하면, 지난 몇 년 동안 우주론의 기초에 관한 논쟁에서 빠지지 않고 등장하는 키워드, 즉 '다중우주(Multiverse)'를 들 수 있다.[63]

다중우주는 이름에서 짐작할 수 있듯이 우주들의 집합체를 말한다. 우리 우주는(우리가 관측할 수 있고, 그 역사와 특성을 아주 정확하게 재구성한 우주) 하나뿐이지만, 다중우주를 구성하는 우주들 중에서는 유일하지 않다.

다중우주의 의미에 관한 이야기를 하기 전에 다중우주의 존재를 어떻게 가정하게 되었는지 살펴보자.

먼저 거의 확실한 사실부터 하나 짚고 가자면, 우주가 지평선에서 끝이 난다는 생각은 말도 안 되는 거짓이다. 실제로 관측 가능한 시공간 영역은 아주 거대한 영역 중 일부일 뿐이라고 가정할 수 있다. 하지만 지평선 너머, 직접적인 조사를 위해 접근 불가능한 시공간 영역에 무엇이 있는지 의문을 갖기 시작하면 상황이 달라진다.

한 가지 가능성은 기존의 모든 시공간이 균질하고 등방하며, 우리가 국소적으로 확인한 프리드만-르메트르의 모형으로 설명이 된다는 것이다. 지평선 밖 우주의 특성은 지평선 내에서의 우주 특성과 같을 수 있다. 하지만 공간이 무한대로 계속되는지 아닌지는 알 수 없다. 우주의 관측 가능한 영역의 기하학적 측정으로 이 문제를 결정적으로 해결할 수는 없다. 우주는 무한할 수도 있고, 그저 매우 거대하기만 할 수도 있다. 그리고 일반상대성이론 및 관측과 양립되는 공간의 다양한 위상까지 고려한다면, 앞에서 이미 보았듯이 훨씬 더 복잡해지고 불확실해진다.

그러나 '우주'가 우리가 관측할 수 있는 우주보다 **놀라울 정도로** 훨씬 더 거대하다고 가정해보자. 예를 들어, 수많은 우주론 연구자들이 생각하는 것처럼 엄청난 급팽창으로 인해 우주의 팽창이 시작되었다면, 현재 관측 가능한 영역은 지평선 밖에 존재하는 공간의 전체 면적 중 극히 일부일 것이다. 이 거대한 면적은 엄청난 수로 분리되어 있는 영역들, 즉 급팽창 이후 빛이(혹은 다른 유형의 물리적 상호작용) 분리되어 있는 거리를 채울 시간이 충분치 않아 분리된 영역들을 포함할 것이다. 모든 점에서, 이 영역들 각각은 우리 우주와 평균 특성이 같은(같은 나이, 같은 기하 구조, 물질과 에너지의 같은 밀도, 같은 팽창 속도, 같은 수의 별과 은하, 행성 등) 우주일 수 있지만, 그 역사의 세부적인 사항은 다를 것이다.

사실 이러한 다중우주는 똑같은 규칙이 적용되지만, 상황은 다른 방식으로 전개되는 우주들로 이루어질 것이다.

'발생 가능한 모든 일이 일어난다'는 문장은 좁은 의미에서 우리 우주에 적용되는 물리적 법칙과 같은 법칙에서 허용하는 가능성을 말하는 것일 수 있다. 비유하자면, 이러한 다중우주는 지금까지 벌어진 모든 체스 경기를 수록한 어마어마한 양의 기보집과 같다.

그러나 다중우주에 관한 더 근본적인 개념이 있다. 어느 이론상의 시나리오에 따르면, 급팽창은 일시적인 사건이 아니다. 우리 우주가 시공간의 미시적인 영역부터 팽창하게 만든 것과 같은 체계가 다른 곳에서도 계속 작용할 수 있다. 이 급팽창 모형은 영원하고 혼란스러울 것이며, 다양한 임의의 조건에서 가속 팽창 중인 시공간의 수는 항상 무수히 많을 것이다. 그 결과, 서로 다른 팽창 속도나 다른 나이, 다른 밀도, 다른 초기 요동 등 서로 아주 다른 특성을 가진 우주들이 계속 팽창 생성된다.

이것으로 충분치 않은지, 끈 이론은 조금 더 극단적인 가능성을 제시한다. 저에너지의 우주에서 우리가 보통 자연법칙이 적용된다고 여기는 이 가능성은 아주 일반적인 법칙의 특정 등급의 해(解)에 지나지 않을 수 있다. 이 모든 가능한 해의 총체가(대부분의 이론적 추정에 따르면, 상상할 수 없을 정도로 많은 수의 해) **랜드스케이프(Landscape)**, 즉 끈 이론

의 '풍경'을 구성한다.[64)]

그런데 혼란스러운 급팽창 모형이 끈 이론의 풍경과 결합하면 당황스러운 결과가 나온다. 순간적인 팽창을 겪는 시공간의 모든 미시적 영역은 풍경에서 무작위의 해가 만들어질 것이다. 그 결과, 각자 특별한 버전의 자연법칙을 갖고 끝없이, 현기증 날 정도로 많은 수의 우주가 탄생하게 된다.

이 경우, '가능한 모든 일이 발생한다'는 문장은 매우 넓은 의미로 받아들여질 것이다. 각 우주에는 초기 조건뿐 아니라 규칙에서도 완전히 다른 특성이 있다. 예를 들면, 물리적인 기본 상수도 다르고 기본 입자나 상호작용 등도 다르다. 이러한 유형의 다중우주는 단순히 특정한 체스 대국에서 열릴 만한 다양한 대국의 기보뿐 아니라, 상상할 수 있는 모든 대국의 기보라고 할 수 있다.

방금 내가 말한 두 가지 예가 모든 가능한 경우를 포괄하는 것은 아니다. 조건과 규칙이 상당히 다양한 다중우주를 만들 수 있는 다른 체계도 상상해볼 수 있다(실제로 이미 제시된 체계가 몇 가지 있다).

하지만 여기서 중요한 것은 다중우주라는 아이디어가 우리 우주의 우연성을 더욱 도드라지게 한다는 점이다. 아주 극단적인 견해에서는 자연법칙도 우연히 발생한 특별한 상황의 영향을 받아 변화무쌍하고 지엽적인 요소가 된다고 보기도 한다. 요점은 우리가 이러한 가능성을 어떻게 생각해야 하는지다.

다중우주를 비판적으로 바라보는 사람들은 이 아이디어를 그저 성가시다고 생각하기도 하지만, 미친 생각이라고 하기도 한다. 우리가 관측할 수 있는 시공간 영역은 놀라울 정도로 방대한데, 수많은 물방울로 구성된 대양의 작디작은 물방울 하나에 지나지 않는다고 하니, 현기증이 날 정도로 충격을 받고 받아들이기 힘든 것이다. 개인적 견해로는 현기증이 나는 건 이해가 되는 일이지만, 덮어놓고 반대하는 건 타당해 보이지 않는다. 과학의 진보로 우리는 다소 광기가 느껴지거나 당혹스러운 아이디어도 진지하게 받아들이는 데 익숙해졌으니까 말이다. 상상력 부족은 가설을 선택하는 데 좋은 기준은 아니다.

다중우주에 관한 또 다른 비판적 견해를 가진 사람들은 이 개념이 단순성의 기준이나 가설의 경제성 기준에 부합하지 않기 때문에, 좋은 설명이 아니라는 점을 지적한다. 다시 말해, 우주의 원리를 설명하는 데 우리가 관측할 수 없는 다른 우주들로까지 확대함으로써 상황이 명확해지는 것이 아니라 오히려 더 복잡해진다는 것이다. 이와 비슷한 비판은, 발생 가능한 모든 일이 일어나므로 설명이라는 개념 자체가 의미가 없다는 건데, 내 생각에는 이런 이의들도 그다지 영향력은 없는 것 같다. 왜 그런지는 앞에서 이미 제시한 적 있는 행성의 궤도에 관한 예를 되짚어보면서 설명하겠다.

뉴턴 이전에는 태양계의 행성들이 특정 궤도를 따라 태양 주위를 도는 것이 불가사의한 일이었다. 다른 궤도가 아니라 왜 하필 그 궤도였을까? 누군가는 그 궤도가 이론적으로 가능한 유일한 궤도라는 내용을 규정하는 일종의 법칙 같은 것을 이용해 설명하려 했을 것이다. (실제로 케플러는 수년간 이러한 것들에 관한 설명을 하기 위한 연구를 했고, '플라톤의 고체'라는 특정 유형의 기하학적 도형을 바탕으로 한 복합적인 구조에서 그 설명을 찾았다는 착각을 하기도 했다.)

그런데 뉴턴 이후로 관점이 바뀌었다. 만유인력의 법칙이 생겼고, 이 법칙 덕분에 행성 궤도에 관한 거의 모든 유형의 해를 예측할 수 있게 되었기 때문이다. 이 무렵에는 이러한 해 대부분이 실제로 우주의 다른 곳, 즉 다른 별들 주위에서도 발생할 수 있다는 가정이 거의 기정사실화되었다. 우리 태양계와는 완전히 다른 특성을 가진 다른 행성계와 다른 세상이 무수하게 존재할 수 있다는 말이다. 당연히 '우리가 보지 못하는 수많은 행성이 존재한다는 가정하에 우리가 알고 있는 행성의 궤도를 설명하고 있다'라든가 '사실 아무것도 설명하지 않았고, 그저 모든 일이 발생할 수 있다고 한 것이다'와 같은 반박은 아무 의미가 없어졌다. 명확한 예측을 하고(수많은 궤도가 존재할 수 있음), 우리가 설명하고자 했던 특정 사례를 훌륭하게 설명하는 정확한 물리적 체계가 있었다(중력의 법칙). 이 체계가 엄청난 수의 다른 세계가 존재한다는 아이디어에 문을 열어주었다는 사실은 그 타당성을 반박하는 기준으로 사용될 수 없다.

하지만 다중우주의 개념에 관해 아주 근거 있는 반박이 없는 것은 아니다. 모든 과학적 가설이 진지하게 받아들여지려면 통과할 수 있어야 하는 경험적 기준들과 관계가 있는 반박이다. 예를 들어, 우리는 이런 의문을 가질 수 있다. 다중우주의 존재를 예측하는 체계가 타당하다는 증거는 무엇인가? 그리고 다중우주의 존재 자체를 검증하는 관점은 무엇인가?

이러한 관점에서 보면, 다중우주는 검증대를 통과하기 매우 어렵다. 이에 관해 우리는 되도록 확실한 방식으로 따져볼 필요가 있다. 다중우주를 뒷받침하는 경험적 증거는 현재로서는 거의 없다고 봐야 하고, 실질적으로 나중에 이렇다 할 상황이 바뀔 뚜렷한 가능성도 없다.

다중우주가 존재한다는 생각이 원칙적으로 반박 불가능

하다는 것은 분명하다. 앞에서 본 것처럼, 우리가 관측할 수 있는 시공간 영역에는 뛰어넘을 수 없는 한계가 있다. 다른 우주 가설들은 결정적으로 관측을 위한 접근이 불가능하다(관측할 수 있다면 **우리 우주**에 포함될 것이다). 다른 우주들과 우리 우주 간의 미약한 상호작용의 흔적을 연구하기 위한 제안이 몇 가지 있기는 하지만, 그것은 지극히 특별한 경우를 다루는 것이고 실질적으로 적용 가능한지도 의심스럽다.

다중우주를 지지하는 사람들은 기본적으로 반증 가능성의 기준이 과대평가되었다고 지적하며 다중우주론을 옹호한다.[65] 이들이 내세우는 주장은 그 어떤 과학적 가설도 실행 가능한 모든 검증을 거치지는 않는다는 것이다. 일단 결정적인 검증 몇 가지를 통과해 현실을 잘 설명한 개념이라고 간주할 수 있으면, 우리는 다른 예측은 확인해볼 것도 없다는 생각을 가진다. 특정한 한계가 있다면 그럴 수 있다. 문제는 다중우주의 사례를 그렇게 생각하면 완전한 오산일 가능성이 크다. 최소한 내가 생각하기에는 그렇다.

한편, 많은 우주의 존재를 예측하는 체계 중 신뢰할 만하고 탄탄한 증거가 뒷받침되는 것은 없다. 그나마 형편이 나은 것이, 양자역학이나 일반상대성이론과 같은 이론이나 단순하게는 표준 빅뱅 모형 수준에 이르지 못하는 이론적 시나리오(예를 들면 급팽창 모형이나 끈 이론) 정도가 허용하는 범위 내에서 매우 도박적인 가능성만을 가졌을 뿐이다. 다중우주를 구현하기 위한 다른 수많은 제안들이 존재한다는 것 자체가 지금 우리가 말하고 있는 예측이 분명하고 모호하지 않은 제대로 정의된 이론이 아니라는 것을 의미하는 셈이다.

하지만 정신적인 훈련을 한다는 셈 치고, 우리 우주의 접근 가능한 물리학적 조건에서 검증된 정확한 체계가 존재하고, 이 체계가 다른 우주의 존재를 모호하지 않게 예측한다고 가정해보자. 이때 우리는 어떤 결론을 얻을 수 있을까? 내 생각에 그다지 많은 것을 얻지는 못할 것 같다. 다중우주의 존재에 관한 선험적 가능성이 다소 늘어날 수는 있지만, 이 예측의 타당성을 평가하기 전에 직접적인 검증은 여전히 해야 할 것이다. 나는 내 동료들의 상당수가 이 차이를 포착하지 못하는 게 놀랍다.

예를 들어, 맥스 테그마크는 일반상대성이론에서 나온 블랙홀에 관한 예측에서 비슷한 점을 찾았는데,[66] 내가 보기에는 오해의 소지가 있다. 일반상대성이론은 수많은 실험적 검증을 통과해서 우리가 그 타당성을 믿기 때문에, 설령 마음에 들지 않거나 이상해 보이거나 직접적으로 볼 수 없다 해도 믿을 수밖에 없다. 하지만 사실상 블랙홀이 존재한다는 사실적인 증거가 쌓이기 전까지는 믿는 사람이 거의 없었다.

앞에서 예로 들었던 다른 별의 주위에 행성이 있다는 예측이 이와 유사한 사례인데, 우리가 이미 알고 있는 물리학으로 가능성이 엿보였다고 해서 행성이 존재한다는 것을 의미하는 것은 아니었다. 자연이 이론적으로 예측된 다양한 해를 피해 갈 방법은 수없이 많다. 우리는 어떤 철학적 원칙만을 바탕으로 한 예측도 믿지 않았다. 예를 들면, 코페르니쿠스의 원리가 그랬다. 실제로 20년 전, 태양계 밖에 정말 다른 세상이 존재한다는 경험적 증거가 발견되기 전까지는 아무도 그 존재를 받아들이지 않았다.

요약하면, 가끔 다중우주의 존재가 확실하거나 피할 수 없는 결론인 것처럼 여기는 경우가 있는데, 그렇지 않다는 점을 명심해야 한다. 아직 충분한 증거로 뒷받침되지 않은 추측에 의한 이론적 시나리오의 배경에서 나온 가능성일 뿐이다. 또한, '발생 가능한 모든 일이 일어난다'는 식의 모호하고 포괄적인 예측 너머로 가기 위한 모든 시도가 지평선 밖의 시공간을 관측할 수 없다는 사실 때문에 시작부터 좌절될 수 있다. 예를 들어, 다중우주에 관한 두 가지 대안, 즉 초기 조건 몇 가지만 수정하면 된다는 대안과 자연법칙을 수정해도 된다는 대안을 구분하고자 해도, 우리에게는 그렇게 할 방법이 없다.

그래도 관측 가능한 우주가 존재하는 모든 것이 아니라는 사실은 남아 있다. 지평선 밖 상황이 어떻게 돌아가는지 경험적으로 구현할 수는 없다 해도, 우리에게 있는 이론적 모형들이 상상하게 해주는 다양한 가능성은 우리 우주의 특성을 설명할 수 있는 방식에 영향을 끼치니까 말이다. 따라서 과학적 가설이 없다면, 다중우주는 철학적 선택으로 여겨지게 될 것이다. 그러니까 우리는 이 개념에 함축될 수 있는 의미를 더 자세히 살펴봐야 한다.

25

생명체

Vita

이제 존재하는 모든 것의 속성을 설명할 때마다 마주치게 되는 아주 예민하고 심오한 문제를 해결해야 할 때가 된 것 같다. 생명체와 유기체 그리고 우주의 작동을 이해하려고 하는 지능 있는 관찰자에 이르기까지, 우주 내 다른 존재들을 우리와 크게 관련 없는 사소한 것으로 취급하는 것이 마땅할까? 또 우주의 독특한 특성과 우주가 생물학적 활동에 필요한 복잡한 물리적 조직을 생성할 수 있다는 사실 간에 어떤 관계가 있을까?

사실, 이 문제에 관한 우리의 오랜 접근 방식은 일반적으로 외면하는 것이었다. 달리 말하면, 우주를 내부에 있는 관찰자의 존재와 상관없이 이해되어야 하는 물리적 시스템으로만 여겼다.

그런데 우리는 여기에 있다. 우리는 우주의 특정 시대, 특정 영역에서 우주를 관찰하며, 우리가 이미 살펴봤듯이 우리가 알 수 있는 사실 유형을 선택한다. 그게 다가 아니다. 우리가 여기에 있다는 사실은, 원칙적으로 존재할 수 있는 모든 유형의 우주와 독립적으로 존재하는 것이 아니라는 말이다. 생명이 존재할 수 있는 우주는 그저 그런 단순한 우주가 아니다. 물리학적 관점에서 완벽하게 상식적인 우주가 무한대로 존재한다고 상상할 수 있지만, 그 우주들 속에서 우리처럼 생명체가 작동하는 데 놀라울 정도로 정교한 과정이 쉽게 일어나지는 않을 것이다.

변수는 무수히 많다. 예를 들어, 핵력과 전자기력 그리고 중력 간의 관계를 변화시켜 별을 밝게 빛나게 하는 핵반응이나 행성 형성을 억제할 수도 있다. 우주는 복잡한 구조가 형성되지 않을 정도로 거의 비어 있거나 상당히 균질할 수 있다. 혹은 팽창 시작 후 몇 초가 채 지나지 않아 다시 붕괴될 정도로 밀도가 높을 수도 있다. 또 엔트로피가 가능한 최대 수준으로 높아져 열역학적으로 평형을 이룬 상태에서 우주가 시작되었을 수도 있고 말이다. 이런 상황에서는 특별한 의미를 부여할 만한 사건이 일어날 수 없다. 화학적으로나 생물학적으로 그 어떤 변화나 진화도 없었을 것이고, 선택이나 적응의 가능성도 전혀 없을 것이다. 안정적이고 복잡한 부분이 별로 없는 체계가 형성되게 하려면, 우주가 최소한 어느 정도는 규칙적이고 반복적인 습성을 지니고 있어야 할 것 같다.

요약하면, 생명체가 존재하려면 반드시 행성 환경의 지엽적인 세부사항부터 우주의 복합적인 구조와 그 작용 원칙을 아우르는 특별한 조건이 필요하다. 하지만 이러한 조건이 **얼마나** 특별해야 하는지를 명확하게 정의할 수는 없다. 이 조건과 관련된 엄청난 변수를 동시에 조작하면 어떤 일이 일어날지도 정확히 알 수 없고 말이다. 이 문제는 너무 복잡해서 생명체가 살 수 있는 우주를 만들기 위해 필요한 조건을 타당하고 확실하게 설정할 수가 없다.[67] 이러한 풀어야 할 어려움이 있지만, 생명체가 **아무** 조건에서나 존재할 수 없다는 내 전체적인 결론에는 변함없을 것 같다. 정말 어떤 조건이 필요한지를 파악하는 일이 여전히 남아 있지만, 그렇다 하더라도 문제는 있다.

우리 우주와 근본적으로 다른 우주에서 우리가 상상도 할 수 없는, 그 우주의 특별한 조건에 적합한 생명체의 유형이 출현했을 수 있다는 반박이 제기될 수 있다. 내 생각에 이러한 주장은 여러 가지 이유로 논리가 빈약한데, 우선

물리적 조건이 어떻든 어떤 유형의 생명체가 반드시 나타나야 한다는 함축적인 가정을 하고 있다는 점에서 부당해 보이기 때문이다. 다시 말하지만, 우리는 생명체가 없는 우주와 생명체가 있는 우주를 상상할 수 있는데, 여기서 중요한 질문은 무슨 기준으로 이 두 우주를 구분하는지 묻는 것이다. 그리고 우리 우주가 명백하게 생명체가 나타날 수 없는 물리학적 조건을 매우 다양하게 보여주었다는 이유도 있다. 태양계의 여러 환경이 제한적이라는 것만 생각해봐도 알 수 있다. 생명체가 섬세한 물리적-화학적 구조를 필요로 하지 않는다면, 우리의 이웃 우주는 살아 있는 유기체로 가득할 것이다. 하지만 현실적으로 그렇지 않다. 마지막 이유는, 어떤 체계인지는 알 수 없지만 제대로 구체화되지 않은 체계들을 바탕으로 한 이질적인 유형의 생명체를 상상하는 일은 순전히 추측의 영역일 뿐, 실질적으로 전혀 진전된 바 없다.

사실 물리적 시스템에는, 아주 모호하고 포괄적인 차원에서라도 생명체라 정의할 수 있는 형태의 조직을 보장하기 위해 충족할 수 있어야 하는 최소한의 필수적인 조건이 있다. 재생산 능력과 에너지의 사용, 환경과의 상호작용 등과 같은 것인데, 상상 가능한 우주에서 이러한 조건이 갖추어지기란 불가능하다.

내 개인적인 관점으로, 생명체의 존재와 우주의 조건에 연결고리가 있다는 생각에 대한 반박은 종말론이나 심지어 지적설계와 같은 개념이 우주를 설명하려는 우리의 노력을 변질시킬 수 있다는 두려움에서 비롯된 것이라고 생각한다. 다시 말해, 우주가 생명체를 만들어야 할 **의무**가 있으므로 지금과 같은 상태에 이르렀다는 결론을 내렸을 수 있다. 나는 이러한 두려움을 잘 알고 있고, 이러한 설명에 관한 내 생각은 나중에 따로 말할 기회가 있을 것이다. 어쨌든 이러한 의문이 있다는 사실을 부정할 타당한 이유가 없는 것 같다.

따라서 우리가 적어도 어느 정도의 특정 조건을 갖춘 우주에서만 생명체가 존재할 수 있다는 개념을 받아들인다면, 우주가 왜 현재의 모습을 하고 있는지를 묻는 문제는 새로운 뉘앙스를 얻게 된다. 어쩔 수 없는 현실(그렇기 때문에 그러한 현실)과 필연성, 순수한 우연 외에 다른 결의 설명이 있다. 일반적으로 '인류적 원리(Anthropic principle, 일반적으로 '인류 원리'로 불려짐)'[68]로 정의되는 설명이다.

여기서 '인류적'이라는 말은(이탈리아어 '인류적antropico'은 '인간의 소유'를 의미하는 그리스어에서 유래) 특히 과학자들이 이 말을 차마 삼키지 못하는 경우가 많은데 그럴 만한 이유가 있다. 인간을 창조의 중심이자 궁극적인 목표로 여기던 시절, 즉 코페르니쿠스 혁명 이전을 지배했던 우주에 관한 설명이 떠오르기 때문이다. 인류 원리에 관한 시각들이 서로 완전히 달라서 모두 똑같이 옹호될 수 없고, 이 시각들 사이에 존재하는 혼란 때문에 불쾌감이 증폭된다. 그러니 우리는 좀 더 명확하게 살펴볼 필요가 있다.

일단, 이 원리에는 약한 버전과 강한 버전, 두 버전이 있다.[69] 상황을 더 혼란스럽게 만들기 위해 양쪽 버전 모두 원리의 등급으로 올려놓은 적도 간혹 있었지만, 이것은 과학적 차원이 아닌 철학적 차원으로 이해되어야 한다. 즉, '약한 인류 원리'와 '강한 인류 원리'를 '코페르니쿠스의 원리'를 말할 때와 같은 방식으로, 경험적 법칙이 아닌 전제로 말하는 것이다. 그리고 이 원리는 이름과 달리 인간의 존재와는 직접적인 관련이 없다. 이 원리를 적용하는 데는, 우주 자체를 관측하고 그 조건에 의문을 제기할 수 있는 감각을 지닌 유기체의 유형을 포함한 우주면 충분하다.

따라서 강한 인류 원리는 어떤 이유에서든 우주의 존재를 위해 지능적인 관찰자의 존재가 반드시 있어야 한다. 다시 말해, 유일하게 의미 있는 우주는 지능이 있는 관찰자가 존재하는 우주여야 한다. 앞에서도 말했지만, 필요성을 바탕으로 한 우주에 관한 설명은 수많은 의혹이 따른다. 여기에도 예외가 없다. 관찰자의 존재가 필수적인 우주가 도대체 무슨 의미일까? 어떤 기준으로 상황이 정말 그렇다는 것을 확신할 수 있을까? 또 생명체가 어떤 조건에서 존재할 수 없다면, 지능적인 관찰자가 존재하는 서로 완전히 다른 수많은 우주도 상상할 수 있다. 그렇다면 왜 우리가 관찰하는 그 특정한 우주가 필요할까? 내가 보기에는 강한 인류 원리는 과학적인 기반이 없고, 사실상 무언가를 해결하려 하는 것보다 더 많은 문제를 일으킨다.

이제 약한 인류 원리 이야기를 해보자. 이 원리의 첫인상은 그저 관찰에 지나지 않는다. 즉, 우주가 관찰자의 존재와 독립해 존재하는 특성을 가졌다는 것은 그리 놀라운 일이 아니다. 그 이유는, 만약 그러한 특성이 없다면 아무도 우주를 관찰할 수 없기 때문이다. 다시 말해, 관찰자가 자기 자신의 존재와 독립적으로 존재하지 않는 것은 볼 수 없는 것이다. 당연해 보일 정도로 분명한 증거다. 그러나 이 원리는 우리가 주변의 것들을 설명하려는 노력에는 방해가 되는 걸림돌이 된다.

예를 들어, 이런 의문이 든다고 가정해보자. 어째서 지구는 액체 상태의 물이 존재할 수 있는 온도가 되는, 딱 그 거리만큼 태양과 떨어져 있는 걸까? 인체가 기능하려면 액체 상태의 물이 필요하다는 점과 관련 없는 설명을 찾는 건 딱히 큰 의미가 없다. 사실 이보다 더 심오한 이유가 전혀 없다. 우주에 존재 가능한 모든 행성 중, 액체 상태의 물이 있는 환경에 적응한 생명이 있는 유기체는 특정 온도 범위에만, 즉 이 유기체에 열을 가하는 별에서 적당한 거리에 있을 수 있다. 지구의 대기에 산소가 포함되어 있는 이유를 궁금해하는 경우라도 마찬가지의 답을 할 수밖에 없다.

좀 더 일반적인 예를 들자면, 우리 인간과 같은 유기체는 특정 시대에 특별한 공간적 위치 등의 조건에서만 우주를 관찰할 수 있다. 따라서 그들은 어떤 관측을 통해 결론을 도출하고자 할 때 이러한 점을 반드시 고려해야만 한다.

한발 더 들어가보자. 지구의 특성을 설명하기 위해 사용하는 추론 등을 관측 가능한 우주 전체에 적용하지 않는 이유가 무엇일까? 만약 다중우주가 존재한다면, 분명 인류원리의 약한 버전은 확실한 이론으로서 입지를 갖추게 될 것이다. 또 존재 가능한 모든 우주 중에서 생명체의 존재를 허용하는 범주의 우주를 관찰할 수밖에 없을 것이다. 우주가 생명체를 허용하는 조건과 원리를 갖추고 있는 이유를 묻는 질문은 지금과 차원이 달라져, 일부 우주를 특별하게 만드는 것이 관찰자의 존재가 될 거고 말이다. 우리는 다른 것은 전혀 볼 수 없을 테니, 생명체가 살 수 있는 확실한 우주를 관측하게 될 것이다. 그러면 우리의 존재와 우주의 특별한 특성과의 연관성은 더는 신비로울 것이 없어진다.

이러한 인류 원리가 설명이 아니라 포기를 천명한 것이라고 비판하는 사람들이 있다. 뭐, 그럴 수 있다. **특정한 설명의 개념**, 즉 물리학이 완벽하고 일관성이 있으며 대안이 없는 이론에 포함되는 모든 것을 파악해야 한다는 개념을 포기한 것이기 때문이다. 그러나 결국, 이런 종류의 설명이 반드시 있어야 할 이유는 전혀 없다. 케플러도 행성의 수와 궤도에 관한 설명을 하려 했지만, 현재 우리는 그의 목표가 잘못되었다는 것을 아주 잘 알고 있다. 우주에 관한 결정적인 설명을 하고 싶다는 열망만큼 완벽한 이론을 원했다는 점도 배제할 수 없다.

인류 원리를 올바르게 적용하려면 생명체와 우주 환경 간에 존재하는 연관성에 대한 심오한 이해가 필요한데, 현재 우리는 당연히 이해하지 못하고 있다. 개인적으로는 이러한 이해 자체가 중요한 연구 목표여야 한다고 믿는다. 가장 큰 규모의 우주에서 행성의 규모까지, 우주의 진화 과정에 관한 통합된 관점이 공간과 시간 속에서 생명의 기원과 분포, 빈도에 관한 문제를 간과해서는 안 된다.[70] 예를 들어, '생명체가 매우 흔한 우주와 생명체가 드물거나 아예 하나밖에 존재하지 않는 우주 간의 물리적 차이는 무엇일까? 지구 밖에 있는 다른 형태의 생명체를 발견했을 때 우리는 어떤 우주론적 의미를 도출해야 할까?'와 같은 질문이다.

그런데 인류 원리의 진정한 약점은 다른 데 있다. 앞서 말한 것처럼, 다중우주가 존재한다는 증거가 전혀 없으니 그 아이디어 자체를 검증하기란 불가능하다. 그래서 논쟁의 요점이 다시 한번 과학이 아닌 형이상학의 차원으로 이동하게 된다. 따라서 인류 원리는 우리 우주의 특성을 설명하기 위한 타당한 철학적 선택일 수는 있어도, 이 선택 자체가 경험적 바탕으로 정당화될 수는 없다.

게다가 다른 우주의 존재가 있다고 가정한다고 해도 명확한 예측이 나오는 것도 아니다. 앞에서 본 것처럼, 다중우주를 검증할 체계가 없다. 잠재적으로 무한한 우주 전체에 확률 계산을 적용한다는 생각 자체에 엄청난 개념적, 실질적 난관이 기다린다. 지금까지 해온 다양한 시도들은 모순에 모순의 역경을 겪어야 했고, 대부분 비합리적인 쪽으로 결론 났다.

예를 들어, '볼츠만 두뇌(Boltzmann brain)'[71]라는 문제를 다룬 수십 가지의 연구가 있다. 볼츠만 두뇌는 인지할 수 있고 지능을 가진 관찰자의 가장 단순한 유형, 즉 지각 있고 자기 인식적인 실체에 형태를 부여하는 데 필요한 원자들의 최소 집합이라고 할 수 있다. 볼츠만 두뇌를 연구하는 사람들에게 필요한 건 올바른 신경회로를 갖추고 진공의 공간을 떠다니는 물질 덩어리다. (물론, 이러한 물질이 진짜 존재하는지에 관한 증거는 전혀 없다.) 우리 우주처럼 이러한 생명체를 생성하기 위한 복잡하고 광대한 우주는 필요치 않다. 따라서, 다중우주에서 볼츠만 두뇌는 다른 그 어떤 관찰자보다 훨씬, 거의 무한하게 흔할 것이다. 그렇다면 우리는 왜 볼츠만의 두뇌가 아닐까? 일부에서는 이러한 생각이 일부 다중우주 모형에 관한 관심을 불러일으키게 하기 위한 지침으로 활용될 수 있다고 본다.

여기에 상당히 우려되는 또 다른 가능성이 있다. 경험과 완전히 동떨어진 이론적 모형을 너무 진지하게 받아들이고, 유니콘보다 훨씬 더 기묘한 괴수를 상상해 현실과 혼동하는 경향은 아주 명석한 뇌도 길을 잃게 만들 수 있다.

궁극적으로, 우리 우주의 물리적 조건이 우주 내에 있는 관찰자의 존재와 연관될 수 있다는 점은 존재를 설명하려할 때 고려해야 하는 또 한 가지 요소를 더한다. 인류 원리는 가장 방어적인 형태에서, 즉 약한 원리에서 우리가 지금까지 범세계적이고 절대적이며, 필연적이라고 생각해왔던 우주의 몇 가지 특성이 지역적이고 상대적이며 우발적일 수 있다는 여지를 준다. 이것을 환경적인 요인이라 하는데, 간단한 관점의 효과로 설명할 수 있다.[72)]

그런데 우주가 생명체를 생성하고자 한다는 명백한 성향에서 볼 수 있듯이, 정확한 계획 즉 지적인 관찰자를 만들고자 하는 의도를 품고 규칙과 초기 조건을 설정한 계획적인 창조주의 흔적을 찾으려는 독특한 사고의 기류가 느껴진다. 이 가능성을 어떻게 봐야 할까?

26

계획

Disegno

몇 년 전부터 나는 이 책에서 다룬 것과 비슷한 주제, 즉 우주의 기원과 진화 등 우리가 우주의 진화에 관해 알게 된 내용을 대중 강연에서 소개하고 있다. 이러한 대중과의 만남이 끝나면 가장 많이 받는 질문들을 모아 통계를 내곤 한다. 1위는 의심할 여지 없이 '신은 존재하는가?'라고 요약할 수 있는 비슷한 종류의 질문들이다. (두 번째로 많은 질문은 '외계인이 존재하는가?'인데, 이런 질문을 하는 사람들의 의도 역시 1위의 질문 범주에 포함된다고 본다.)

이런 통계가 조금은 당황스럽다. 왜 과학자는 이런 질문에 관한 답을 알아야 할까? 하지만 과학이 세상에 존재하는 것의 복합적인 특성에 관해 의문을 제기한다면, 당연히 오랜 형이상학의 놀이터라고 할 수 있는 공간으로 모험을 떠나야 한다. 앞에서 본 것처럼, 우주가 존재한다는 단순한 사실은 경험으로 확립될 수 없는 타당성을 정당화하는 형태로 설명된다. 그래서 우주의 기원을 두고 최근까지 과학과 종교가 일치하거나 충돌했고, 또 수많은 우주론 연구자들이 이런저런 입장을 취하면서 신의 존재에 관한 의문에 맞서온 점이 그리 놀라울 것 없다.

어쨌든 꺼림칙한 마음을 떨쳐내고, 넓은 의미에서 창조주의 의도가 담긴 작용을 끌어들여 우주를 설명하는 부류에 관한 내 생각을 말하는 게 좋을 것 같다.

일단, 빤해 보일 수 있지만 항상 되새기는 것이 바람직한 전제부터 출발해보자. 과학은 자연적인 원인으로 발생한 작용을 통해 자연계 내 사건을 설명하려 한다. 다시 말해, 자연계에서 관찰된 모든 효과는 같은 자연계에 속한 부분들이 상호작용을 일으켜 발생해야 하는 것이다. 이러한 관점은(과학 연구를 하려면 고수해야 하는 관점) 일반적으로 '방법론적 자연주의(Methodological naturalism)'라고 부르는데, 철학적 관점의 자연주의(Naturalism)' 즉, 자연계가 존재하는 모든 것이라는 개념과 구분하기 위해서 쓰인다.

나는 항상, 무슨 수를 쓰더라도 철학적 자연주의의 입장을 고수하려는 일부 과학자들의 고집스러움은 불필요하고(혼란의 원인이기도 하다), 정말 유일하게 중요한 것은 방법론적 입장이라고 생각해왔다. 왜 그런지 설명해보겠다.

방법론적 자연주의를 바탕으로 하면, 과학은 자연계 외부에 실체가 존재하는지 아닌지 그 여부에 관한 관점을 가질 수 없다. 이해를 돕기 위해 이 자연계 외부의 실체를 초자연적이라고 해보자. 다른 한편으로, 자연계 밖의 실체가 자연계 자체를 조정할 수 있는지 확인하고자 한다면, 반드시 두 실체 간의 접촉과 그러한 작용을 설명하는 체계의 존재를 가정해야 한다. 그렇다면, 그러한 차원에서 어떤 조정이 초자연적이라고 할 수 있을까?

세상 안과 세상 밖에 동시에 존재하고, 스스로에게는 영향을 끼치지 않는 작용을 세상에 가하는 어떤 것을(예를 들면 비물질적인 영혼이나 신) 상상할 때 겪는 심각한 논리적 어려움이 있다(그렇다고 실질적인 모순을 말하는 것은 아니다). 어떤 것이 자연계 내 관찰 가능한 효과를 일으킨다면, 그 자체가 자연계의 일부라고 정의할 수 있다. 그 시점에서는 그러한 작용을 발생시킨 체계를 설명해야 하는데, 이러한 설명의 목적에 효과적으로 적용되는 것으로 증명된 방식은 과학적 방식, 단 하나뿐이다. 사실 지식의 역사에서 과거의 어느 시대에 초자연적인 영향에 기인하던 모든 것이, 훗날 아직 제대로 파악되지 않았던 자연 현상이었음이 드러나는 일을 자주 볼 수 있다. 초자연적인 현상에 관해 가능한 설명은 과학적 조사에서 나온 설명과 비교하면 그릇된 설명일 뿐이었다.

예를 들어, 행성이 태양의 주위를 공전한다고 믿는 이유는 천사 군단이 밀어서가 아니라 중력의 작용 때문이라는 것일 뿐, 천사가 초자연적이라서 존재할 수 없다는 사실 때문이 아니다(천사가 정말 행성을 밀었다면 당연히 초자연적이다). 즉, 내가 이 책의 다른 부분에서 몇 번 논의한 바와 같이, 중력의 가설이 더 잘 맞는 가설이기 때문이라는 것이다.

그렇다고 과학이 자연계에서 일어나는 모든 일을 설명할 수 있다는 뜻은 아니고, 나도 그런 의미로 말한 것은 아니다. 다만 초자연적인 개입에 대한 의존은 '우리는 아직 모른다'(혹은 '우리가 모를 수도 있다')라는 말보다 나은 설명이(논리적 관점에서나 경험적 관점에서도) 결코 아니라는 뜻이다.

개인적으로 철학적 자연주의 지지자들이 주장하는 것처럼 초자연적인 세상은 존재하지 않는다는 말은 완벽히 부적절해 보인다. 정말 중요한 것은 자연계가 우리가 경험한 전부이자, 유일하게 직접적으로 볼 수 있고 증거로 뒷받침해 확인할 수 있으며, 우리 인간 자체가 자연의 일부일 뿐이라는 점에서 우리의 생명에 영향을 끼칠 수 있는 것도 유일하게 자연뿐이라는 점이다. 자연계 외에 우리가 또 무엇을 연구해야 할까?

이러한 종류의 자연주의가 잘못된 문제라는 것은 완전히 자연적인 지적인 존재가 우리 우주의 창조 체계를 상상할 수 있다는 점으로 증명이 된 것 같다. 예를 들어, 이론물리학자 안드레이 린데(Andrej Linde, 1948~)는 진공 상태의 미시적 시공간 영역에서 시작해 우리 우주의 급팽창까지 이어질 수 있는 체계를 통해, 실험실에서도 우주가 생성될 수 있다는 가설을 세웠다.[73] 이제까지와 비슷한 제안이지만, 실현 가능성 측면에서 우주를 시뮬레이션으로 재현한다는 점이 다르다.[74] 우리가 현실이라고 부르는 것은 놀라울 만큼 진보한 문명의 초강력 컴퓨터에 의해 만들어진 정교한 가상의 세상일 수 있다. (가설적으로 우리 자체도 아주 먼 훗날 이러한 유형의 시뮬레이션 우주의 주인이 될 수 있다.) 우리의 세상과 시뮬레이션이 만들어진 세상은 창조를 관장하는 체계처럼 완벽하게 자연적일 수 있다.

'자연의' 창조자가 전통적인 신보다 더 구미가 당기는 사람도 있을 것이고, 철학적 자연주의 지지자들도 그런 편에 속할 가능성이 크다. 하지만 나는 이 두 대안의 실질적인 차이점이 무엇인지 찾기가 어렵다.

사실, 자연의 창조자도 과학적 조사의 기본 전제 중 한 가지로, 조건이 같은 경우 정상적인 진행 상황에서는 이해할 수 없는 일탈이 발생하지 않고 모든 상황이 항상 같은 방식으로 흘러가야 한다는 개념과 정면충돌할 잠재적인 가능성을 갖고 있다. 하지만 우리 우주가 시뮬레이션이고, 이 시뮬레이션을 만든 프로그래머가 어느 순간 불가사의한 이유로 시뮬레이션의 이런 측면이나 저런 측면을 변경할 수 있다면, 이것을 과학적으로 설명하려는 우리의 시도는 어떻게 될까? 그리고 기적을 통해 창조에 개입하는 전통적인 신들과 근본적으로 다른 점은 무엇일까?

내 생각에 우리가 풀어야 할 진정한 매듭은 다른 것, 즉 의도의 매듭인 것 같다. 창조자가 자연계에 포함되는지 그 여부와 상관없이, 이 창조자에 의존하는 상황 설명의 문제는 그가 우주를 창조하고 계속 존재하게 하며, 다른 특성이 아닌 특정한 특성을 부여한 이유가 무엇인지를 파악하는 것이다. 그런데 그것은 본질적으로 창조자의 마음이다. 우리가 친구들이 무엇을 할 때 무슨 동기로 그러는지도 알기 힘들 때가 많은데, 어떤 특성을 가졌는지도 모르는 초능력자의 마음은 당연히 읽기 힘들다. 우리 인간의 특성을 신에게 투영하지 않는 한, 창조자의 행위는 우주에 관한 설명을 더 명확하게 하는 것이 아니라 혼란을 가중하는 요소일 뿐이다.

개인적으로 우주 창조자의 존재 여부에 관한 가장 합리적인 관점은 불가지론이라고 생각한다. 나는 신이 존재하는지 아닌지 모르고, 어떻게 해야 알 수 있는지도 모른다. 과학적 방식을 바탕으로 한 조사 과정에는 이런 질문에 답을 할 수 있는 것이 아무것도 없다. 사실, 신이라는 개념 자체가 명확하게 정의되지 않는다. 신을 정의할 가능성은 수없이 많아서, 서로 모순되기도 한다. 신이 시간 속에 존재할까, 시간을 초월할까? 우주와 같을까, 우주를 초월한 존재일까? 정말 신이 전지전능할까? 우주에서 벌어지는 사건에 개입할까, 아니면 모든 것을 시작하기만 했을까? 우리가 신의 존재를 알기를 바랄까, 모든 것이 감춰져 있기를 바랄까? 우리가 관측을 통해 어떤 상황인지 파악하는 데 도움을 줄 수 있는 확실한 예측을 할 방법은 없다. 신에 관한 이야기가 나오면 과학의 영역을 벗어나 철학을 우선시하는 영역으로 들어가게 된다.

과학적 견해가 신에 관해 내릴 수 있는 수많은 정의와 양립할 수 없음은 모두가 아는 사실이다. 예를 들어, 신이 자연의 문제에 직접적으로 개입한다는 정의가 그러한 것이다. 과학은 신의 활동 영역을 점점 좁혀왔다. 자연 선택론이 오랫동안 신성한 설계자가 존재한다는 확실한 단서로 여겨졌던 종의 기원을 완전히 뒤바꿔버린 방식이 명백한 예다. 내가 앞에서 말한 것처럼, 우리가 아직 설명할 수 없는 자연 현상을 설명하기 위해 신의 개입에 의존한다고 해서(일명 '틈새의 신'을 이용) 철학적 입장이 우세해 보인 적은 단 한 번도 없다.

내가 보기에 원칙적으로 신을 옹호할 만한 유일한 개념은 게임의 규칙을 정한 다음 상황이 자연스럽게 흘러가도록 내버려두는 지성이라는 개념뿐이다. 그러나 지금까지 우리가 본 우주에 관해 나올 수 있는 다른 설명들과 비교할 때 이러한 견해가 우리에게 어떤 이점을 줄까?

앞에서 본 것처럼, 자연 현상을 설명하는 법칙에서 질서와 명료함, 명백한 논리, 합리성의 존재를 비롯해 이러한 것들이 생명의 출현을 허용하도록 조절된 듯 보이는 것이 일부 사람들에게는(몇몇 과학자도 포함)[75] 신이 계획했을 가능성이 담긴 단서로 여겨진다. 그런데 나는 이런 차원에서는 실질적인 증거가 없는 것 같고, 과학적 수단을 동원해도 소용없을 것 같다. 예를 들어 인류 원리는, 우리가 관찰하는 관점에 따라 우주가 합리적이고 조정된 것처럼 보일 수 있다는, 명확한 대안적 설명의 예를 제공한다. 우리는 이러한 설명이 옳은지 알 수 없고, 앞으로도 계속 모를 수 있다. 하지만 적어도 상황을 설명하기 위해 어느 한 계획에 의존해야 할 필요성은 줄일 수 있다.

우주 존재의 기초로 신을 첫 번째 원인으로 내세우는 점도 아쉬운 점이 많다. 흄이 이미 확실하게 반박했고, 버트런드 러셀(Bertrand Russell, 1872~1970) 같은 다른 사상가들이 아주 최근까지 다시 한번 되짚었던 내용이다.[76] 예를 들면, 신이 우주의 기초를 세웠다면, 누가, 혹은 무엇이 신의 기초를 세웠을까? 무한한 거북이 이야기에 빠져들지 않으려면 어떻게 해야 하는가? 신에게 기초가 필요하지 않다면, 우주에 관한 연구를 일찌감치 그만두고 아무 설명 없이 우주가 스스로 존재할 수 있다고 생각하는 것이 낫지 않을까?

요약하면, 신성 버전이 아무리 과학적 증거와 양립된다고 해도, 우주를 설명하는 능력 면에서는 다른 대안들보다 크게 도움이 되지 않는다. 어쨌든, 과학적 증거는 다양한 형이상학적 제안을 중재할 수준이 되지 못하고, 어떤 것이 더 가능성이 큰지도 확실하게 알려주지 못한다.

결국, 우리의 질문 중 몇 가지, 특히 궁극적인 원인과 관련이 있고, 직접적으로 관찰할 수 있는 것의 한계를 넘어선 영역을 탐구하는 질문이 만족스러운 답변을 얻지 못한 채 남게 될 수 있다는 점을 받아들여야 한다.

신의 행위를 바탕으로 한 우주에 관한 설명이 과학적 설명에 비해 더 큰 이점이 있는 측면은 단 하나뿐이다. 바로 감각과 목적, 의미의 측면이다. 과학은 우주가 어떤 목적을 가졌다고 말할 수도 없고, 당연히 이러한 가설을 만들 필요도 없다. 이와 관련해 가장 많이 인용되는 문구는 아마 이론물리학자 스티븐 와인버그(Steven Weinberg, 1933~2021)의 "우리가 우주를 더 잘 이해하면 할수록 우주는 의미가 없어진다"[77]일 것이다. 그러나 우리의 요점은, 줄곧 말한 것처럼 과학적 설명은 처음부터 자연에 목적성이 있다는 생각은 배제한 상태에서 만들어졌다. 솔직히 나는 스티븐 와인버그가 어떻게 우주의 작용을 설명하는 방정식에서 목적을 읽는다는 생각을 하게 되었는지는 전혀 이해할 수 없다.

대부분의 사람들이 어떤 방식을 동원하든 창조자에 관한 개념을 배제하지 못하는 이유는 우주가 작용하는 기본이 되는 규칙을 파악하는 데 어려움이 있어서가 아니다. 발생하는 모든 것이 기본 입자의 무의미한 충돌이고, 우리의 존재 자체가 무작위의 차별성 없는 비인간적 체계의 우연한 부산물에 지나지 않는다는 생각을 견딜 수 없어서다.

이러한 관점에서, 발생하는 모든 것이 은혜로운 신의 계획 중 일부라는 상상은 과학적 설명에서는 찾아볼 수 없고 찾아져서도 안 되는 매력을 지니고 있다. 이러한 유형의 연구를 환상이나 위안의 의미로 생각하는 사람들이 있는데, 나 또한 그런 경향이 있다. 그러나 이것은 순전히 내 개인적인 관점일 뿐이다. 과학자로서는 다른 사람이 허용 가능한 존재를 찾는 데 도움이 되는 명분이 증거를 통해 직접적으로 충돌하지 않는 한, 결코 그 명분을 매도할 권리를 남용하지 않을 것이다. 과학은 우리가 환각적 인식과 사실적 오류에서 벗어나게 해줄 수 있고, 증거를 바탕으로 자연계를 이해할 수 있도록 할 수 있는 모든 것을 할 것이다. 그렇다고 내가 하는 일이 우주가 불합리하고 무의미한 것이라고 다른 사람들을 설득하는 것은 아니다.

우리는 과학이 설명할 수 없는 것을 누가 어떻게 설명할 수 있을지 생각해봐야 한다. 과학은 문화와 사회적 계급의 장벽을 초월해 범세계적으로 공유되어야 하는 결론에 도달하기 위해 우리가 찾은 최고의 방법이다. 그리고 지식과 진보, 민주주의를 대변할 수 있는 위대한 수단이기도 하다. 주머니 속에 진실이 있다고 생각하는 사람들, 그렇지 않은 것을 확실하다고 전달하는 사람들, 권위나 권력, 폭력을 동원해 자신의 생각을 강요하는 사람들이 설령 의미와 확실성을 필요로 하는 우리의 열망을 충족시켜주려 한다 해도, 우리는 이들을 의심해야 한다. 그리고 비교와 대화, 관찰, 경험을 통해 세상을 이해하고 존재의 의미를 찾는 데 도움을 주려 노력하는 모든 사람들을 독려해야 한다. 우리는 인간과 인간을 탐구하고 이해하려는 타고난 욕구를 말살하는, 연민이 없는 견해들과 싸워야 한다.

마지막으로, 가장 중요한 것은 누군가 당신에게 자신이 모든 의미를 깨달았다고 말할 때, 당신은 그 의미에 관한 설명을 요구하지 말고 이렇게 묻는 것이다. "당신은 그걸 어떻게 알았죠?"

후기 Epilogue

이쯤 되면, 우리가 우주에 관해 정말 아는 것은 무엇이고, 아직 모르는 것은 무엇인지 그리고 왜 우리가 세상이 이런 식으로 존재하고 있다고 믿는지에 관해 조금 더 명확해졌기를 바랄 뿐이다.

우리가 얼마나 운이 좋은지 깨달아야 한다. 우리는 일관성 있고 증거로 뒷받침되는 우주의 역사를 가진 최초의 인류이니까. 어떤 면에서는 꿈꿀 수 있는 이상으로 우리는 운이 좋다. 우리 선조들이 타고난 호기심 때문에 불타는 듯한 고통을 느끼기 시작한 이후로 수만 년 동안 쫓았던 것이 있다. 갈릴레오부터 아인슈타인에 이르기까지, 우리보다 훨씬 더 뛰어난 사람들도 그것을 본 적이 없다.

이것은 내가 과학에서 가장 사랑하는 것 중 하나다. 무엇인가를 알아내면, 모든 사람의 것이 될 것이다. 지식은 소수 입문자의 전유물이 아니다. 온 인류가 놀라운 인내심을 가지고 한 번에 하나씩 세부사항을 추가하며 그린, 누구나 사용할 수 있는 세계지도다.

이 지도에 포함될 수 없는 항목이 항상 있을 것이다. 이 지도는 도구일 뿐, 현실은 아니다. 유일하고 완벽한 지도는 우주와 똑같은 사본일 것이다. 하지만 그런 지도는 전혀 쓸모가 없다. 우리는 사물을 단순화해야 이해할 수 있으므로.

그래서 나는 우주에 관한 완벽한 설명에 도달하려는 목표가 현실적이라고 생각지 않고, 이 책에서 될 수 있으면 그 이유를 설명하려 노력했다. 하지만 나는 완벽하게 이해할 수 있을 정도로 단순한 우주에서 살고 싶지는 않다. 우주를 이해하려 노력하는 우리에게 어울리는 우주가 아니다. 존재하는 것에 관해 내가 느끼는 경이로움은 언제나 탐구해야 할 무엇인가가 있는, 우리가 뻗어 나가야 할 먼 지평선이 있는 무한하게 거대한 현실에 나 자신도 작은 일부로 포함되어 있다는 사실에서 오는 것이다.

나는 가끔 우리 후손들이 무엇을 알게 될지 궁금해진다. 지난 4세기 동안 과학 기술의 발전 속도는 세대를 거듭할 수록 점점 더 가팔라졌다. 상황이 계속 이런 식이라면 인류는 점점 더 심오하고 정확한 지식을 쌓게 될 것이다. 그러나 개인으로서의 우리는 원하는 모든 것을 알 수 없고, 알고 있는 것도 불완전하고 임시적이라는 생각을 가지고 평온함을 유지해야 한다.

단념하기 어려울 것이다. 지식에 굶주려 있으니까. 우리는 진화를 통해 탐구하고 문제를 해결하는 인간으로 만들어졌다. 이제 그 지식에 관한 열망이 단순한 생존의 차원을 넘어 우리가 어떤 종인지 정의하고 우리가 존재하는 의미를 채우기 위해 필요한 것이 되었다. 그러나 요점은 지식과 의미에 관한 갈망을 잘못된 확신으로 대체하지 않는 것이다. 우리는 의구심을 품는 데 익숙해지는 법을 배우면서 끊임없이 탐구해야 한다.

그리고 답이 없는 질문이 존재한다는 가능성도 받아들여야 한다. 왜 우주 전체가 관점의 오류인지, 지나친 일반화가 아닌지 궁금할 수 있다. 우리가 신의 관점을 사용하지 않고 매우 한정된 관점을 수용하면 아마도 신비로움은 증발할 것이다. 우리는 우리가 알고 싶어 하는 모든 것의 일부다. 그래서 뮌히하우젠 남작처럼, 우리도 가끔 우리 자신의 머리카락을 잡아당겨 진흙에서 벗어나려 할 때도 있다.

저 밖에 우주가 있다는 사실만큼 나를 놀랍게 하는 것이 또 있다. 이 모든 것을 경험할 수 있는 자각이 존재한다는 사실이다. 자각은 정말 확실하게 유일한 것인데, 공간과 시간이 정확하게 접합하는 지점에서 내가 '나'라고 부르는 일시적인 원자 집합체에 주관적인 경험, 즉 계속 변화하는 지각의 덩어리가 동반되는 것이다. 그런데 우리가 외부에서는 현실 전체에 대한 전반적인 시각을 가질 수 없는 것처럼, 초점의 중심에 근거를 두면 모든 것이 그 중심을 향해 모이는 것 같아 보인다. 그러면 우주와 의식 모두 관찰 **대상**이 될 수 없다.

의식이 우연이나 변덕, 혹은 우리 각자의 존재를 우연하고 무의미하게 만드는 쓸모없는 현상이라고 생각하는 사람이 있다. 반면 창조의 궁극적인 목표라고 생각하는 사람도 있다. 나는 이 두 관점 중 어느 것과도 결부되지 않고, 우리가 우주의 작은 파편에 지나지 않으면서 그 우주를 밝혀서 현실로 만드는 존재라는 간단한 사실, 어떤 면에서 보면 우주를 만든다고 할 수도 있는 현실에 감사하면서 살아도 괜찮을 것 같다.

경험이 없으면, 우주에는 아름다움이나 고통, 기쁨, 비극 질서, 혼란이 없을 것이다. 공허하고 어두운 체계, 복잡한 만큼의 의미는 없는 쓸모도 가치도 없는 장치일 뿐일 테다.

우리는 우주가 존재하는 이유도, 의식이 있는 이유도 모르고, 앞으로 알게 될지도 의심스럽다. 그래도 괜찮다.

우리 각자는 현실 전체를 밝히는 짧은 불꽃이다. 우리는 우주가 들여다보는 거울이고. 존재하는 것을 향해 마음의 눈을 열고 잠시나마 이곳에 있는 것, 그것이 내가 원하는 의미의 전부다.

미주

1) 오귀스트 콩트(A. Comte), 〈열아홉 번째 강의(Dix-neuvième lecon)〉, 《실증철학강의(*Cours de philosophie positive*)》 vol. ii ('천문학의 철학과 물리학의 철학*La philosophie astronomique et la philosophie de la physique*'), Bachelier, Paris 1835, p. 8, 저자역.
2) 앨버트 마이컬슨(A. Michelson), 라이어슨 물리학 연구소(Ryerson Physical Laboratory) 개관 축사, 〈시카고 대학교 연감(Annual Register University of Chicago)〉(1896) p. 159에서 인용.
3) 앨버트 마이컬슨(A. Michelson), 《광파와 이용(*Light Waves and Their Uses*)》, University of Chicago Press, Chicago 1903, pp. 23-25, 저자역.
4) 관련 내용은 짐 홀트(J. Holt)의 《세상은 왜 존재하는가? 철학적 탐정 스토리(*Perché il mondo esiste? Una detective-story filosofica*)》(Utet, Milano 2013) 참조.
5) 카탈로그가 너무 길어 나열하지 않음. 포괄적으로 요약한 내용은 바바라 스프롤(B. Sproul)의 《태초의 신화: 세상을 창조하다(*Primal Myths: Creating The World*)》(Harper & Row, New York 1979) 출간본 참조.
6) 데이비드 흄(D. Hume), 《자연종교에 관한 대화(*Dialoghi sulla religione naturale*)》, G. Paganini 편집, Bur, Milano 2013.
7) 존 콜라핀토(J. Colapinto), 〈통역자(*The Interpreter*)〉, 《뉴요커(*The New Yorker*)》(2007. 4. 16.), 웹페이지 https://people.umass.edu/bhatt/401-f07/solomon.doc에서 열람 가능.

8) 스티븐 호킹(S. Hawking), 《빅뱅에서 블랙홀까지, 시간에 관한 짧은 이야기(*Dal big bang ai buchi neri: breve storia del tempo*)》, Riz-zoli, Milano 1988.

9) 앨런 W. 와츠(Alan W. Watts)가 《선(善)의 길(*La via dello zen*)》(Feltrinelli, Milano 1960)에서 언급한 에피소드.

10) 필립 K. 딕(Philip K. Dick), 《세상이 추한 것 같다면(*Se vi pare che questo mondo sia brutto*)》(Feltrinelli, Milano 1999, pp. 96-120, p. 98) 중 '이틀이 지나도 무너지지 않는 우주를 만드는 법'에서 인용.

11) 과학 철학이 가장 잘 소개된 두 편은 마우로 도라토(M. Dorato), 《영혼이 원자와 무슨 관련이 있는가(*Cosa c'entra l'anima con gli atomi*)》(Laterza, Roma-Bari 2007)와 앨런 차머스(A. Chalmers), 《이 과학은 뭐지?(*Che cos'è questa scienza?*)》(Mondadori, Milano 1979).

12) 이러한 에딩턴의 생각을 알린 사람은 르메트르였다. 《네이처》 127(1931), 706호, 〈양자 이론의 관점에서 본 세계의 시작(*The Beginning of the World from the Point of View of Quantum Theory*)〉 참조. 웹페이지 www.nature.com/articles/127706b0에서 열람 가능.

13) 《네이처》 506(2014), n. 7489, pp. 418-419의 다비데 카스텔베키(D. Castelvecchi), 〈아인슈타인의 잃어버린 이론이 밝혀지다(*Einstein's Lost Theory Uncovered*)〉 참조. 웹페이지 www.nature.com/news/einstein-s-lost-theory-uncovered-1.14767에서 열람 가능.

14) 2014년 7월 15~18일, 엑스-마르세유 대학교(Aix-Marseille Université) 14차 국제 연례 심포지엄, 장-피에르 뤼미네(J.-P. Luminet), 〈르메트르의 빅뱅(*Lemaître's Big Bang*)〉, '기초 물리학의 개척자들(Frontiers of Fundamental Physics)', 웹페이지 https://arxiv.org/pdf/1503.08304.pdf에서 열람 가능.

15) 현대 자연과학에 비추어 본 신의 존재에 관한 증거, '과학과 신에 관한 학제 간 문서(Documentazione Interdisciplinare di Scienza e Fede) - disf.org' 중, 웹페이지 http://disf.org/pio-xii-prove-esistenza-dio에

서 열람 가능.

16) 주세페 탄첼라-니티(G. Tanzella-Nitti), 《빅뱅과 창조에 관한 비오 12세-르메트르 사건(*The Pius xii-Lemaître Affair (1951-1952) on Big Bang and Creation*)》, '종교와 과학 학제 간 백과사전(Interdisciplinary Encyclopedia of Religion and Science) – inters.org' 중, 웹페이지 http://inters.org/pius-xii- lemaitre에서 열람 가능.

17) 헬지 크라그(Helge Kragh), 〈빅뱅: 이름의 어원(*Big Bang: The Etymology of a Name*)〉, 《천문학 & 지구물리학(Astronomy & Geophysics)》, 54(2013), n. 2, pp. 2.28-2.30, 웹페이지 https://academic.oup.com/astrogeo/article/54/2/2.28/302975에서 열람 가능.

18) 조르주 르메트르(G. Lemaître), 《공간의 팽창(*L'expansion de l'espace*)》, 〈과학적 질문 검토(Revue des Questions Scientifiques)〉 중 50(1931), n. 100, pp. 391-410 참조.

19) 1965년 5월 21일자 《뉴욕타임즈》에 실린 기사 중, 사이먼 싱(S. Singh), 《빅뱅(*Big bang*)》(Rizzoli, Milano 2004) p. 476에서 인용.

20) 《아스트로노미 나우(Astronomy Now)》 웹사이트에 게시된 인터뷰 참조, 웹페이지 www.astronomynow.com/RobertWilso-nInterview.html에서 열람 가능. 이외 장-피에르 뤼미네, 《빅뱅의 발명(*L'invenzione del big-bang*)》(Dedalo, Bari 2006) p. 162 참조.

21) 기욤 에브라르(G. Evrard), 피터 콜스(P. Coles), 〈평탄도 문제의 측정값 도출하기(*Getting the Measure of the Flatness Problem*)〉, 《고전 및 양자 중력(Classical and Quantum Gravity)》, 12(1995), n. 10, 웹페이지 https://arxiv.org/pdf/astro-ph/9507020.pdf에서 열람 가능.

22) 이 주제에 대한 최고 수준의 전문적 토론은 M. Holma, 〈대규모 우주 공간에서 유클리드에 가까운 공간 기하학의 문제(*How Problematic is the Near-Euclidean Spatial Geometry of the Large-Scale Universe?*)〉 참조, 《물리학의 기초(Foundations of Physics)》, 48(2018), n. 11, pp.

1617- 1647, 웹페이지 https://arxiv.org/pdf/1803.05148.pdf에서 열람 가능.

23) 급팽창 모형의 개념과 기원에 관한 대중적인 논설은 앨런 구스(A. Guth), 《팽창하는 우주(*The Inflationary Universe*)》(Perseus Books, Rea- ding Massachusetts 1997) 참조.

24) 복수 저자, 〈우주적 논쟁(*A Cosmic Controversy*)〉, 《사이언티픽아메리칸(ScientificAmerican)》, 2017년 3월호, 웹페이지 https://blogs.scientificamerican.com/observations/a-cosmic-controversy/에서 열람 가능.

25) 최근 몇 년 동안 급팽창 모형에 대한 맹렬한 비판의 대열에 이 개념을 세우는 데 큰 역할을 한 학자 중 한 명인 폴 스타인하트(Paul J. Steinhardt)까지 가세했다. 이와 관련한 글은 2017년 3월 584호 《레 쉔제(Le Scienze)》 584호 28~35페이지에 실린 안나 이자스(A. Ijjas)와 폴 스타인하트, 아브라함 롭(A. Loeb)의 〈우주가 붐을 만든다(*L'universo fa boom*)〉 참조. 웹페이지 https://www.lescienze.it/archivio/articoli/2017/03/31/news/l_universo_fa_boom-3476055/에서 열람 가능. 이후의 논쟁에 관한 기사는 2017년 5월 11일자 《디애틀랜틱(The Atlantic)》 중 조슈아 소콜(J. Sokol)의 기사 참조. 웹페이지 https://www.theatlantic.com/science/archive/2017/05/a-cold-war-among-cosmologists-turns-hot/526329/에서 열람 가능.

26) 현존하는 가장 상세한 시뮬레이션은 '일러스트리스(Illustris)'라 불린다. 시뮬레이션 결과는 웹페이지 www.illustris-project.org 참조.

27) 암흑 물질의 문제에 관해서는 필자가 몇 년 전 《별 너머의 어둠(*Il buio oltre le stelle*)》(Codice, Torino 2011)에서 다루었다.

28) 우주 상수와 진공 에너지의 연관성에 대한 역사적 재구성에 관해서는 헬지 크라그, 〈암흑 에너지의 전주곡: 영점 에너지와 진공 추측(*Preludes to Dark Energy: Zero-point Energy and Vacuum Speculations*)〉

참조, 《정밀 과학사 아카이브(Archive for History of Exact Sciences)》, 66(2012), n. 3, pp. 199-240, 웹페이지 https://arxiv.org/pdf/1111.4623.pdf에서 열람 가능.

29) 예를 들면, 노벨상 수상자 스티븐 와인버그가 1989년 《현대 물리학 리뷰(Review of Modern Physics)》, 61(1989), n. 1, pp. 1-23, 〈우주 상수 문제(*The Cosmological Constant Problem*)〉에서 이 문제를 지적했다.

30) 암흑 에너지에 관한 문제를 더 알아보려면, 앞서 언급한 《별 너머의 어둠》(Codice, Torino 2011) 참조.

31) 이러한 방식으로 무엇을 배울 수 있는지에 관한 상세한 내용은 필자의 첫 책 《빅뱅의 노래(*La musica del Big Bang*)》(Springer, Milano 2007)에서 설명한 바 있다.

32) 파올로 베르나디스(P. de Bernardis) 외, 〈우주 마이크로파 배경복사의 고해상도 지도를 이용한 평평한 우주(*A Flat Universe from High-Resolution Maps of the Cosmic Microwave Background Radiation*)〉, 《네이처》, 404(2000), pp. 955-959, 웹페이지 www.nature.com/articles/35010035에서 열람 가능.

33) 아메데오 발비(A. Balbi) 외, 〈맥시마-1의 우주론적 매개변수에 관한 제약 조건(*Constraints on Cosmological Parameters from maxima-1*', 《천체물리학 저널 레터스(The Astrophysical Journal Letters)》, 545(2000), n. 1, 웹페이지 http://iopscience.iop.org/article/10.1086/317323에서 열람 가능.

34) 인터넷 사이트 http://fqxi.org 참조.

35) 아메데오 발비(A. Balbi), 〈우주론의 한계(*The Limits of Cosmology*)〉, 2010, 웹페이지 https://arxiv.org/abs/1001.4016에서 열람 가능. 《레 쉔제》, n. 516, agosto 2011, pp. 46-51에서 이탈리아어 버전 재인쇄.

36) 토머스 네이글(T. Nagel), 《어디에나 있는 시선(*Lo sguardo da nessun luogo*)》, Mimesis, Milano 2018.

37) 《코스모스(*Cosmos*)》, ep. 1: '우주의 바닷가에서(The Shores of the Cosmic Ocean)'. 1980년 9월 28일 첫 방송, pbs.

38) 아메데오 발비(A. Balbi), 《기적 탐색자(*Cercatori di meraviglia*)》(Rizzoli, Milano 2014)에서 광속의 유한성을 둘러싼 논쟁에 관해 기록했다.

39) 에드거 앨런 포(E. A. Poe), 《유레카: 산문시(*Eureka: A Prose Poem*)》(Putnam, New York 1848), 웹페이지 www.eapoe.org/works/editions/eurekac.htm에서 원본 참조 가능, 저자역.

40) 다니엘라 사데(D. Saadeh) 외, 〈우주는 얼마나 등방한가?(*How Isotropic is the Universe?*)〉, 《피지컬 리뷰 레터스(Physical Review Letters)》 중, 117(2016), n. 13, 웹페이지 https://arxiv.org/pdf/1605.07178.pdf에서 열람 가능.

41) 펭제 장(P. Zhang), 앨버트 스테빈스(A. Stebbins), 〈수냐에프-젤도비치 효과 파워 스펙트럼으로부터 기가파섹보다 큰 규모에서 코페르니쿠스 원리 확인(*Confirmation of the Copernican Principle at Gpc Radial Scale and Above from the Kinetic Sunyaev Zel'dovich Effect Power Spectrum*)〉, 《피지컬 리뷰 레터스》, 107(2011), n. 4, 웹페이지 https://arxiv.org/pdf/1009.3967.pdf에서 열람 가능.

42) 박찬경 외, 〈우주론 원리는 하늘에 있지 않다(*The Cosmological Principle is not in the Sky*)〉, 《왕립천문학회 월보(Monthly Notices of the Royal Astronomical Society)》, 469(2017), n. 2, pp. 1924-1931, 웹페이지 https://academic.oup.com/mnras/article-abstract/469/2/1924/3760286?redirectedFrom=fulltext에서 열람 가능. 로이 마르텐(R. Maartens), 〈우주는 균질한가?(*Is the Universe Homogeneous?*)〉, 《왕립학회 철학회보(Philosophical Transactions of the Royal Society)》, 369(2011), n. 1957, pp. 5115-5137, 웹페이지 https://arxiv.org/pdf/1104.1300.pdf에서 열람 가능.

43) 리처드 피셔(R. Fisher), 레이첼 코틀랜드(R. Courtland), 〈발견: 우

주에 쓰여진 호킹의 이니셜(*Found: Hawking's Initials Written into the Universe*)〉, 《뉴사이언티스트(NewScientist)》, 2010년 2월 7일자, 웹페이지 https://www.newscientist.com/article/dn18489-found-hawkings-ini- tials-written-into-the-universe/에서 열람 가능.

44) 찰스 베넷(C. L. Bennett) 외, 〈7년의 윌킨슨 마이크로파 등방성 탐사기 관측 결과: 우주배경복사 이상 징후 있나?(*Seven-Year Wilkinson Microwave Anisotropy Probe (WMAP) Observations: Are There Cosmic Microwave Background Anomalies?*)〉, 《천체물리학 저널 증보(The Astrophysical Journal Supplement)》, 192(2011), n. 2, 웹페이지 https://arxiv.org/abs/1001.4758에서 열람 가능, 플랭크 컬래버레이션(Planck Collaboration), 〈플랑크 2013 결과. xxiii. cmb의 등방성과 통계(*Planck 2013 Results. xxiii. Isotropy and Statistics of the cmb*)〉, 《천문학 & 천체물리학(Astronomy & Astrophysics)》, 571(2014), 웹페이지 https://arxiv.org/abs/1303.5083에서 열람 가능.

45) L. 산토스(L. Santos) 외, 〈플랭크 위성 데이터에서 우주 마이크로파 배경의 각 분포에서의 사분면 비대칭성(*Quadrant Asymmetry in the Angular Distribution of Cosmic Microwave Background in the Planck Satellite Data*)〉, 《천문학 & 천체물리학(Astronomy & Astrophysics)》, 569(2014), 웹페이지 http://adsabs.harvard.edu/abs/2014A%26A...569A..75S에서 열람 가능, 라울 페르난데스-코보스(R. Fernández-Cobos) 외, 〈우주의 대규모 구조에서 쌍극자 변조를 찾는 연구(*Searching for a Dipole Modulation in the Large-Scale Structure of the Universe*)〉, 《왕립천문학회 월보(Monthly Notices of the Royal Astronomical Society)》, 441(2014), n. 3, pp. 2392-2397, 웹페이지 http://adsabs.harvard.edu/abs/2014MNRAS.441.2392F에서 열람 가능, C. 퀘르첼리니(C. Quercellini) 외, 〈후기 비등방성 팽창의 탐침으로서의 우주 시차(*Cosmic Parallax as a Probe*

of Late Time Anisotropic Expansion)〉, 《피지컬 리뷰 D(Physical Review D)》, 80(2009), n. 6, 웹페이지 http://adsabs.harvard.edu/abs/2009PhRvD..80f3527Q에서 열람 가능, F.K. 한센(F.K. Hansen) 외, 〈우주론적 매개변수와 더블유맵 데이터 재검토(*Cosmological Parameters and the WMAP Data Revisited*)〉, 《왕립천문학회 월보(Monthly Notices of the Royal Astronomical Society)》, 354(2004), n. 3, pp. 905- 912, 웹페이지 http://adsabs.harvard.edu/abs/2004MNRAS.354..905H에서 열람 가능.

46) R.R. 콜드웰(R.R. Caldwell), M. 카미온코프스키(M. Kamionkowski), N.N. 와인버그(N.N. Weinberg), 〈유령 에너지와 우주 최후의 날(*Phantom Energy and Cosmic Doomsday*)〉, 《피지컬 리뷰 레터스(Physical Review Letters)》, 91(2003), n. 7, 웹페이지 https://arxiv.org/pdf/astro-ph/0302506.pdf에서 열람 가능.

47) L.M. 크라우스(L.M. Krauss), M.S. 터너(M.S. Turner), 〈기하학과 운명(Geometry and Destiny)〉, 《일반상대성이론과 중력(General Relativity and Gravitation)》, Kluwer Academic Publishers-Plenum Publishers 1999, 10 (31), pp. 1453-1459.

48) L.M. 크라우스(L.M. Krauss), R.J. 쉐러(R.J. Scherrer), 〈정적 우주의 귀환과 우주론의 종말(*The Return of a Static Uni- verse and the End of Cosmology*)〉, 《일반상대성이론과 중력(General Relativity and Gravitation)》, 39(2007), n. 10, pp. 1545-1550, 웹페이지 https://arxiv.org/pdf/0704.0221.pdf에서 열람 가능.

49) 한스 앨버트(H. Albert), 《중대한 이유에 관한 논문(*Treatise on Critical Reason*)》, Princeton University Press, Princeton 1985, chap. i, sect. 2.

50) 이러한 태도의 주요한 예로는 스티븐 와인버그의 《최종 이론의 꿈(*Dreams of a Final Theory*)》(Vintage Books, New York 1992), 스티븐 호킹(S. Hawking), 레너드 믈로디노프(L. Mlodinow), 《위대한 설

계(*Il grande disegno*)》(Mondadori, Milano 2011), 로렌스 크라우스(L. Krauss), 《무에서 나온 우주(*L'universo dal nulla*)》(Macro, Cesena 2013). 이와 대치된 의견은 V.J. 스텐저(V.J. Stenger), J.A.린제이(J.A. Lindsay), P. 보고시안(P. Boghossian)이 《레시엔체(LeScienze.it)》에 게시한 내용 참조, 웹페이지 www.lescienze.it/news/2015/05/16/news/discussione_fisici_filosofi_filosofia_morta_vi- va-2611425에서 열람 가능, 카를로 로벨리(C. Rovelli), 〈물리학에는 철학이 필요하다. 철학에는 물리학이 필요하다.(*Physics Needs Philosophy. Philosophy Needs Physics*)〉, 《물리학의 기초(Foundations of Physics)》, 48(2018), n. 5, pp. 481-491, 웹페이지 https://arxiv.org/pdf/1805.10602.pdf에서 열람 가능.

51) 이 두 가지 접근 방식에 대한 일반 소개는 브라이언 그린(B. Greene), 《우아한 우주(*L'universo elegante*)》(Einaudi, Torino 2000) 및 카를로 로벨리(C. Rovelli), 《현실은 보이는 것과 다르다(*La realtà non è come ci appare*)》(Raffaello Cortina, Milano 2014) 참조.

52) 관심 있는 독자는 다양한 순환 우주 모형에 관한 배포용 논문 참조, 예를 들어, 폴 슈타인하르트(P. Steinhardt), 닐 튜록(N. Turok), 《끝없는 우주(*Universo senza fine*)》(il Saggiatore, Milano 2008), 로저 펜로즈(R. Penrose), 《빅뱅에서 영원으로(*Dal Big Bang all'eternità*)》(Rizzoli, Milano 2011).

53) 이 문구는 아인슈타인의 제자 에른스트 스트라우스(Ernst Straus)가 기록한 것이다. 엘리스 칼라프리스(Alice Calaprice), 《궁극적으로 인용 가능한 아인슈타인(*The Ultimate Quotable Einstein*)》(Princeton University Press, Princeton 2011) 참조.

54) 바뤼흐 스피노자(B. Spinoza), 〈신에 관하여(Dio)〉, 《윤리학(*Etica*)》(Proposizione 29, Laterza, Roma-Bari 2009) 1부, p. 37.

55) 알베르트 아인슈타인(A. Einstein), 《과학적 자서전(*Autobiografia*

scientifica》, 〈선택된 일(*Opere scelte*)〉 중, Bollati Boringhieri, Torino 1988, p. 90.

56) 로저 펜로즈(R. Penrose), 《실체에 이르는 길(*La strada che porta alla realtà*)》, Rizzoli, Milano 2005.

57) 심도 있는 토론은 션 캐럴(S. Carroll), 《영원에서 이곳으로(*Dall'eternità a qui*)》(Adelphi, Milano 2011)에서 찾아볼 수 있다.

58) 맥스 테그마크(M. Tegmark), 《수학적 우주(*L'universo matematico*)》, Bollati Boringhieri, Torino 2014.

59) 예를 들면, 로렌스 크라우스(L. Krauss), 《무에서 나온 우주(*L'universo dal nulla*)》(Macro, Cesena 2013) 인용. 크라우스의 주장에 대한 비평은 과학 철학자 데이비드 알버트(David Albert)가 《뉴욕타임스(The New York Times)》 2012년 3월 23일자에 〈모든 것의 기원(*On the Origin of Everything*)〉이라는 제목으로 기고했다. 웹페이지 www.nytimes.com/2012/03/25/books/review/a- universe-from-nothing-by-lawrence-m-krauss.html에서 열람 가능.

60) 스티븐 호킹(S. Hawking), 《빅뱅에서 블랙홀까지(*Dal big bang ai buchi neri*)》, 인용, p. 182.

61) 유진 위그너(E.P. Wigner), 《자연과학에서 수학의 불합리한 효과(*The Unreasonable Effectiveness of Mathematics in the Natural Sciences*)》, 〈순수 및 응용 수학에서의 커뮤니케이션(Communications in Pure and Applied Mathematics)〉, 13(1960), n. 1.

62) 관련 내용은 존 아치볼드 휠러(J.A. Wheeler), 〈법칙 없는 법칙을 인식하는 것에 관하여(*On Recognizing Law without Law*)〉, 《아메리칸 저널 오브 피직스(American Journal of Physics)》, 51(1983), n. 398, p. 398, 데이비드 도이치(D. Deutsch), 〈물리학에서 '법칙 없는 법칙'의 휠러의 개념(*On Wheeler's Notion of 'Law without Law' in Physics*)〉, 《파운데이션 오브 피직스Foundation of Physics》, 16(1986), n. 6, pp. 565-

572 참조.

63) 브라이언 그린(B. Greene), 《감춰진 현실(*La realtà nascosta*)》(Einaudi, Torino 2012), 맥스 테그마크(M. Tegmark), 《수학적 우주(*L'universo matematico*)》 인용, 존 배로(J. Barrow), 《우주들에 관한 책(*Il libro degli universi*)》(Mondadori, Milano 2012) 참조.

64) 레너드 서스킨드(L. Susskind), 《우주의 풍경(*Il paesaggio cosmico*)》, Adelphi, Milano 2007.

65) 참조 예시: 션 캐럴(S. Carroll), 〈반증 가능성(*Falsifiability*)〉, 《엣지(Edge.org)》, 2014, 웹페이지 http://edge.org/response-detail/25322에서 열람 가능. 반증 가능성의 기준에 관한 옹호는 《네이처》 516(2014), n. 7531, pp. 321-323의 G. 엘리스(G. Ellis), J. 실크(J. Silk), 〈과학적 방법: 물리학의 무결성 방어(*Scientific Method: Defend the Integrity of Physics*)〉 참조. 웹페이지 www.nature.com/news/scientific-method-defend-the-integrity-of-physics-1.16535에서 열람 가능, 나탈리 월처버(N. Wolchover), 〈과학의 영혼을 위한 투쟁(*A Fight for the Soul of Science*)〉, 《콴타매거진(QuantaMagazine.org)》, 2015년 12월 16일자, 웹페이지 www.quantamagazine.org/physicists-and-philosophers-debate-the-boundaries-of-science-20151216/에서 열람 가능.

66) 맥스 테그마크(M. Tegmark), 《수학적 우주(*L'universo matematico*)》 인용.

67) 생명에 필요한 조건의 조정에 관한 문제에 완전히 상반되는 점은 루크 반즈(L. Barnes), 게린트 루이스(G. Lewis), 《운 좋은 우주(*A Fortunate Universe*)》(Cambridge University Press, Cambridge 2016), 빅터 스텐저(V.J. Stenger), 《미세 조정의 오류(*The Fallacy of Fine-Tuning*)》(Prometheus Books, New York 2011) 참조. 그 외 프레드 애덤스(F.C. Adams)의 〈우리 우주와 다른 것들의 미세 조정 정도(*The Degree of Fine-Tuning in our Universe and Others*)〉, 2019 참조, https://arxiv.org/abs/1902.03928.

68) 우주론에서 인류 원리에 길을 터준 기사는 B. 카터(B. Carter)의 《관측 데이터와 우주론의 대결(*Confrontation of Cosmolo- gical Theories with Observational Data*)》(Cracovia, Polonia, 1973년 9월 10~12) 심포지엄 현장 중 〈많은 수의 우연과 우주론의 인류 원리(Large Number Coincidences and the Anthropic Principle in Cosmology)〉, 국제천문연맹 심포지엄(International Astronomical Union Symposium) n. 63. 이탈리아어 버전의 자세한 설명은 존 배로(J.D. Barrow), 프랭크 티플러(F.J. Tipler), 《인류적 원리(*Il principio antropico*)》(Adelphi, Milano 2002) 참조.

69) 관심 있는 독자는 《인류적 원리(*Il principio antropico*)》에서 다른 내용을 찾아볼 수 있다.

70) 필자의 저서 《다들 어디 있지?(*Dove sono tutti quanti?*)》(Rizzoli, Milano 2016)에서 생명에 관한 문제를 다뤘다.

71) 션 캐럴(S. Carroll), 《볼츠만 두뇌가 나쁜 이유(*Why Boltzmann Brains are Bad*)》(2017)와 같은 예시 참조. 웹페이지 https://arxiv.org/abs/1702.00850에서 열람 가능. 라파엘 부쏘(R. Bousso), 벤 프라이포겔(B. Freivogel), 〈다중우주의 세계 묘사에 관한 역설(*A Paradox in the Global Description of the Multiverse*)〉, 《고에너지 물리학 저널(Journal of High Energy Physics)》, 6(2007). 비전문적 설명은 데니스 오버바이(D. Overbye), 《빅 브레인 이론: 우주론자들은 그들의 노트를 잃어버렸나?(*Big Brain Theory: Have Cosmologists Lost Note Theirs?*)》 참조.

72) 우주를 해석하는 데 쓰이는 수학의 효율성을 설명할 수 있다는 것은 이미 논의된 가능성이다. 예를 들어 노손 야노브스키(N.S. Yanofsky), 〈수학이 잘 작동하는 이유(Why Mathematics Works so Well)〉, 《트릭 또는 진실(*Trick or Truth*)》(편집 A. Aguirre, B. Foster, Z. Merali, Springer, Cham 2016, pp. 145-156) 및 맥스 테그마크(M. Tegmark), 《우주는 수학적이다(*L'universo è matematico*)》 등에서 논의되었다.

73) 안드레이 린데(A. Linde), 〈우주 창조의 어려운 예술(*Hard Art of the Universe Creation*)〉, 《뉴클리어 피직스(Nuclear Physics)》, B372(1992), pp. 421–442, 웹페이지 https://arxiv.org/abs/hep-th/9110037에서 열람 가능.

74) 닉 보스트롬(N. Bostrom), 〈당신은 컴퓨터 시뮬레이션 속에 살고 있나?(*Are You Living in a Computer Simulation?*)〉, 《필로소피컬 쿼털리(Philosophical Quarterly)》, 53(2003), n. 211, pp. 243–255. 이 주제에 관한 토론 참여자에 대해서는 www.simulationargument.com 참조.

75) 예를 들면, 폴 데이비스(P. Davies), 《신의 마음(*La mente di Dio*)》, Mondadori, Milano 1993.

76) 데이비드 흄(D. Hume), 《자연 종교에 관한 대화(*Dialoghi sulla religione naturale*)》, 4부, 버트런드 러셀(B. Russell), 《왜 나는 기독교인이 아닌가(*Perché non sono cristiano*)》, Longanesi, Milano 1957.

77) 스티븐 와인버그(S. Weinberg), 《최초의 3분(*I primi tre minuti*)》, Mondadori, Milano 1977, p. 17.